U0299969

BIM参数化设计

韩沐昕　主编

黑龙江大学出版社
HEILONGJIANG UNIVERSITY PRESS

哈尔滨

图书在版编目（CIP）数据

BIM 参数化设计 / 韩沐昕主编． -- 哈尔滨 ：黑龙江
大学出版社，2024.3
ISBN 978-7-5686-1052-0

Ⅰ．①B… Ⅱ．①韩… Ⅲ．①建筑设计－计算机辅助
设计－设计参数 Ⅳ．① TU201.4

中国国家版本馆 CIP 数据核字（2023）第 218946 号

BIM 参数化设计
BIM CANSHUHUA SHEJI

韩沐昕　主编

责任编辑　高　媛
出版发行　黑龙江大学出版社
地　　址　哈尔滨市南岗区学府三道街 36 号
印　　刷　天津创先河普业印刷有限公司
开　　本　787 毫米×1092 毫米　1/16
印　　张　10.75
字　　数　226 千
版　　次　2024 年 3 月第 1 版
印　　次　2024 年 3 月第 1 次印刷
书　　号　ISBN 978-7-5686-1052-0
定　　价　45.00 元

前　　言

随着信息技术的高速发展,BIM(building information model,建筑信息模型)技术正在引发建筑行业的变革。参数化设计是 BIM 的重要思想之一,也是当前建筑设计领域的一个重要趋势之一。如何提高 BIM 模型修改、维护的效率和便捷性,成为当前需要解决的关键问题之一,而参数化设计则提供了优秀的解决方案。与传统的建模软件相比,参数化对象所构成的 BIM 不仅仅是图形化的绘制,其借助对象与对象间信息与行为的连接,可具体在计算机中仿真出在不同参数状况下建筑物可能的行为与反应模式,并自动维持信息的一致性与合理性。参数化不仅可以完成复杂的设计,极大地提高建模效率,而且可以完成各项精准分析。

笔者在 BIM 参数化设计应用教学和实践过程中,积累了丰富的经验和技巧,同时也发现市面上关于 BIM 参数化设计的书籍不多。因此,笔者编写了本书。本书内容包括 9 章。第 1 章介绍内建体量,第 2 章介绍体量,第 3 章介绍族,第 4 章介绍三维建模型,第 5 章详细介绍族的参数属性,第 6 章介绍公式,第 7 章介绍体量与自适应族,第 8 章介绍 Dynamo,第 9 章介绍 Dynamo 与 Revit。

本书在形式上具有以下三个特点:

(1)本书的内容选取以必需、够用为原则,内容贴近工程实际需要,并选用了大量的工程实例。

(2)本书并不是一本 BIM 手册式工具书,而是一本以工作过程(软件实际操作)为导向的教材。

(3)本书在叙述软件实际操作过程时,配有大量操作截图,便于读者在操作软件时使用。

本书可作为设计企业、施工企业以及房地产管理企业中 BIM 从业人员和 BIM 爱好者的自学用书,也可作为土木工程等相关专业的教学用书。

由于编者水平有限,书中难免有疏漏之处,恳请读者批评指正。

编者

2024 年 1 月

目　　录

第1章　内建体量

1.1　内建体量编辑环境

如图1-1所示,单击"体量和场地"选项卡→"概念体量"面板→"内建体量"选项,弹出"名称"对话框(图1-2)。在"名称"对话框中,点击"确定"按钮,进入内建体量编辑环境(图1-3)。

图 1-1

图 1-2

图 1-3

如图1-3所示,内建体量编辑环境包括"属性"面板、"绘制"面板、"工作平面"面板、"尺寸标注"面板等。

1.1.1　"属性"面板

"创建"选项卡下的"属性"面板包括:"属性"按钮、"族类型"按钮、"族类别和族参数"按钮。

点击"属性"按钮,可显示和隐藏"属性"面板。

点击"族类型"按钮,会弹出"族类型"面板(图1-4),设置族类型和参数。

点击"族类别和族参数"按钮,会弹出"族类别和族参数"面板(图1-5)。

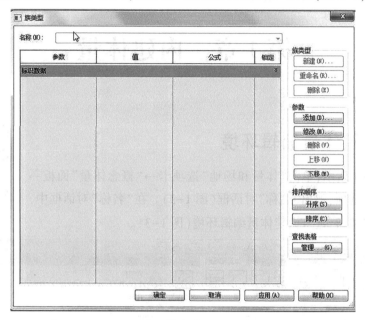

图1-4

图1-5

1.1.2 "绘制"面板

"绘制"面板可绘制直线、矩形、正多边形、圆、圆弧、圆弧过渡、椭圆、半椭圆、样条曲线、点图元、拾取线。

在体量环境下,可以绘制参照线和模型线。

1.1.3 "工作平面"面板

使用"工作平面"面板上的按钮可设置、显示和查看工作平面。

1.1.4 "尺寸标注"面板

使用"尺寸标注"面板上的按钮可对绘制的图元进行尺寸标注。

1.2 图形绘制

1.2.1 直线绘制

单击"创建"选项卡→"绘制"面板→"直线"选项,在绘图区绘制直线(图1-6)。选中其中一条直线,激活"修改"选项卡,单击"修改丨放置 线"选项卡→"修改"面板,可以选择"修剪/延伸为角"选项、"修剪/延伸单个图元"选项、"修剪/延伸多个图元"选项修改直线(图1-7)。

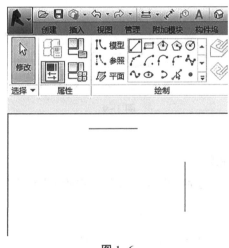

图1-6

图1-7

1.2.2 圆绘制

单击"创建"选项卡→"绘制"面板→"圆"选项,在绘图区绘制圆(图1-8)。

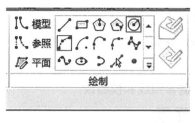

图 1-8

选中圆,在"属性"面板→"中心标记可见"参数项选择确认,可改变圆心位置。

图 1-9

1.2.3　圆弧绘制

(1)起点-终点-半径弧

单击"创建"选项卡→"绘制"面板→"起点-终点-半径弧"选项,在绘图区绘制圆弧(图 1-10)。

图 1-10

（2）圆心-端点弧

单击"创建"选项卡→"绘制"面板→"圆心-端点弧"选项，在绘图区绘制圆弧（图1-11）。

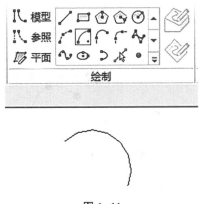

图 1-11

1.2.4　样条曲线

单击"创建"选项卡→"绘制"面板→"样条曲线"选项，在绘图区绘制样条曲线（图1-12）。

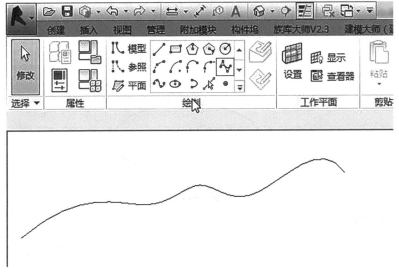

图 1-12

1.2.5　通过点的样条曲线

单击"创建"选项卡→"绘制"面板→"通过点的样条曲线"选项，在绘图区绘制通过点的样条曲线（图1-13）。

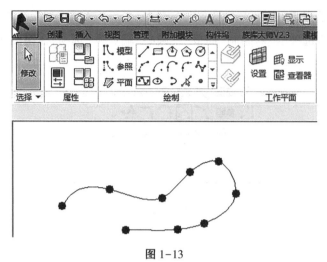

图 1-13

1.2.6　椭圆

单击"创建"选项卡→"绘制"面板→"椭圆"选项,在绘图区绘制椭圆(图 1-14)。

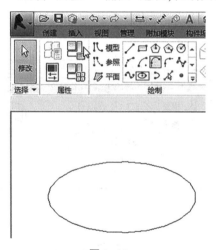

图 1-14

1.2.7　拾取线

单击"创建"选项卡→"绘制"面板→"拾取线"选项,可拾取实体的边线(图 1-15)。

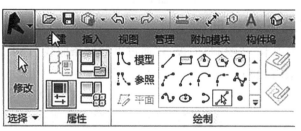

图 1-15

1.3　三维模型创建

1.3.1　拉伸

单击"创建"选项卡→"绘制"面板→"矩形"选项,在绘图区绘制矩形(图1-16)。选择这个矩形,单击"修改 | 线"选项卡→"形状"面板→"创建形状"下拉按钮→"实心形状"选项(图1-17),生成长方体(图1-18)。

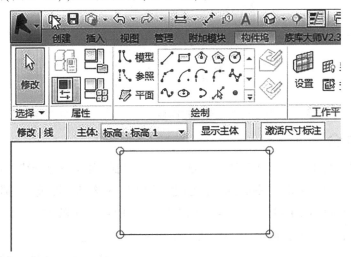

图1-16

图1-17

图 1-18

1.3.2　融合

切换到"标高 1"平面,单击"创建"选项卡→"绘制"面板→"圆形"选项,绘制直径 2000 的圆;切换到"标高 2"平面,单击"创建"选项卡→"绘制"面板→"圆形"选项,绘制直径 1600 的圆(图 1-19)。选择这两个圆,单击"修改 | 线"选项卡→"形状"面板→"创建形状"下拉按钮→"实心形状",生成圆台(图 1-20)。

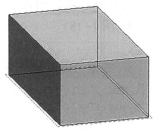

图 1-19　　　　　　　　　　　　　　　　　图 1-20

1.3.3　旋转

切换到"标高 1"平面,绘制一条直线和一个圆(图 1-21);选择这条直线和这个圆,单击"修改 | 线"选项卡→"形状"面板→"创建形状"下拉按钮→"实心形状",生成圆环(图 1-22)。

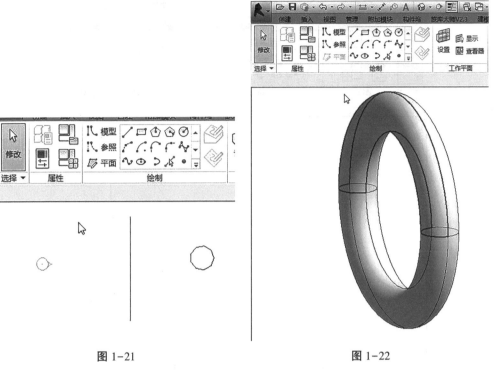

图 1-21   图 1-22

1.3.4 放样

切换到"标高 1"平面,绘制一半椭圆线,并在椭圆线端点放置点(图 1-23);切换到"三维"视图,设置与椭圆线切线垂直的平面为工作平面,在工作平面绘制椭圆(图 1-24);选择半椭圆线和椭圆,单击"修改丨线"选项卡→"形状"面板→"创建形状"下拉按钮→"实心形状",生成实体(图 1-25)。

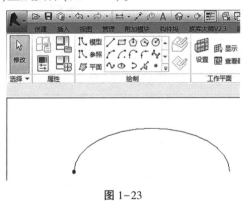

图 1-23

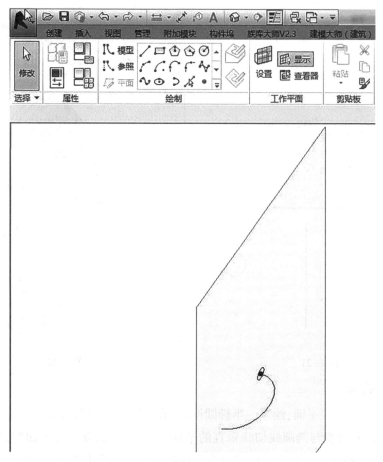

图 1-24

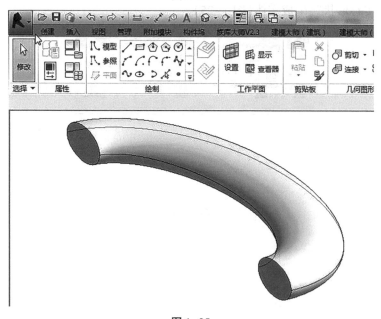

图 1-25

1.4 实例一

按照要求创建体量模型,参数详见图1-26,半圆圆心对齐,并为上述体量模型创建幕墙,如图1-27所示,幕墙系统为网格布局1000 mm×600 mm(横向竖梃间距为600 mm,竖向竖梃间距为1000 mm);幕墙的竖向网格中心对齐,横向网格起点对齐;网格上均设置竖梃,竖梃均为圆形,半径为50 mm。创建屋面女儿墙以及各层楼板。

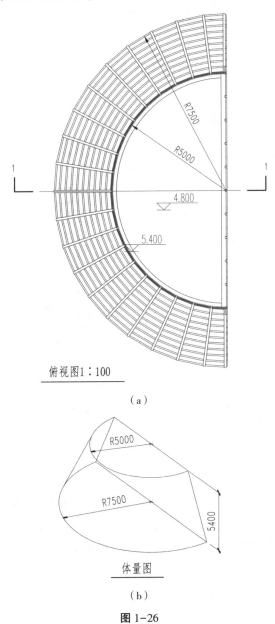

俯视图1:100

(a)

体量图

(b)

图1-26

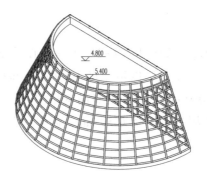

图1-27

1.4.1　步骤一

如图 1-28 所示,创建标高和相应楼层平面。

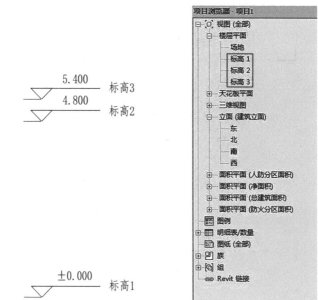

图1-28

1.4.2　步骤二

如图 1-1 所示,单击"体量和场地"选项卡→"概念体量"面板→"内建体量"选项,弹出"名称"对话框(图 1-2)。在"名称"对话框中,"名称"文本框输入"体量模型"(图 1-29)。点击"确定"按钮,进入内建体量编辑环境。

图1-29

1.4.3　步骤三

如图 1-30 所示,在"标高 1"平面,按尺寸绘制参照面;使用模型线绘制封闭半圆形。

如图 1-31 所示,在"标高 3"平面,按尺寸绘制参照面;使用参照线绘制封闭半圆形。

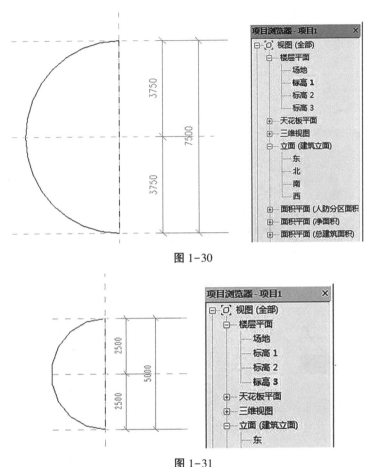

图 1-30

图 1-31

1.4.4　步骤四

如图 1-32 所示,选择"标高 3"平面的封闭半圆形,单击"修改丨线"选项卡→"形状"面板→"创建形状"下拉按钮→"实心形状",生成拉伸实体,并将拉伸实体下表面对齐到标高 2,上表面对齐到标高 3(图 1-33)。

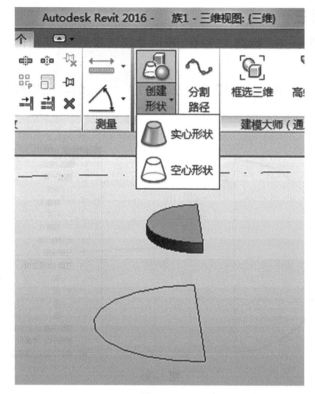

图 1-32

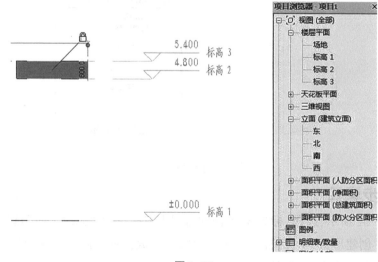

图 1-33

1.4.5　步骤五

如图 1-34 所示,切换到三维视图,选择"标高 1"和"标高 3"平面的封闭半圆形,单击"修改 | 线"选项卡→"形状"面板→"创建形状"下拉按钮→"实心形状",生成实体(图 1-35)。

如图1-36所示,单击"修改"选项卡→"在位编辑器"面板→"完成体量"下拉按钮。

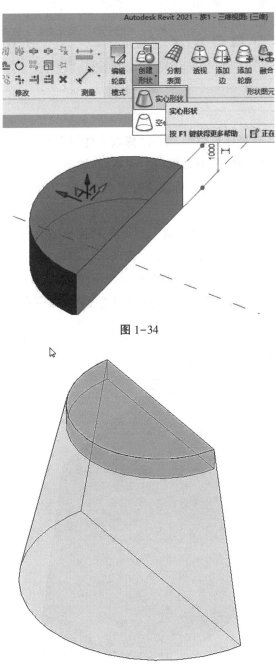

图 1-34

图 1-35

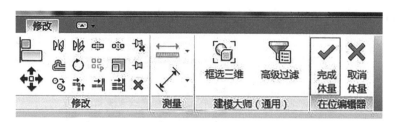

图 1-36

1.4.6 步骤六

如图 1-37 所示,选择体量模型,单击"修改 | 体量"选项卡→"模型"面板→"体量楼层"选项,弹出"体量楼层"对话框(图 1-38)。如图 1-38 所示,在"体量楼层"对话框的列表框内选择"标高 1"和"标高 2",点击"确定"按钮,生成体量楼层(图 1-39)。

如图 1-40 所示,单击"体量和场地"选项卡→"面模型"面板→"楼板"选项,依次选择体量楼层,激活"修改 | 放置面楼板"选项卡。单击"修改 | 放置面楼板"选项卡→"多重选择"面板→"创建楼板"选项,生成楼板(图 1-41)。

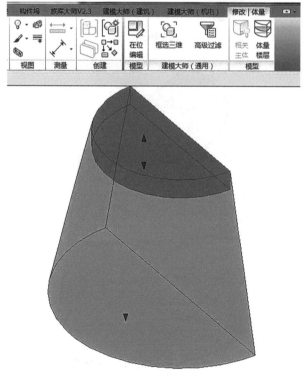

图 1-37

图 1-38

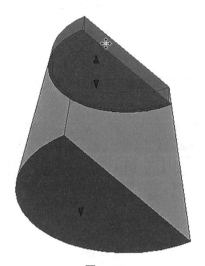

图 1-39

图 1-40

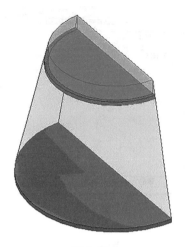

图 1-41

1.4.7　步骤七

如图 1-42 所示,单击"体量和场地"选项卡→"面模型"面板→"墙"选项,依次选择墙面,生成墙体(图 1-43)。

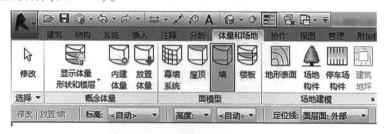

图 1-42

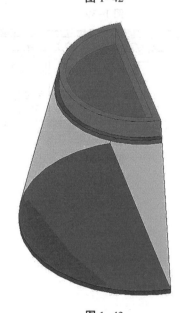

图 1-43

1.4.8 步骤八

如图1-44所示,单击"体量和场地"选项卡→"面模型"面板→"幕墙系统"选项。

如图1-45所示,单击"属性"面板→"编辑类型"选项,弹出"类型属性"面板(图1-46)。

如图1-46所示,单击"类型属性"面板→"确定"按钮,弹出"名称"对话框(图1-47)。

如图1-47所示,修改"名称"对话框→"名称"文本框的内容为"1000×600 mm",点击"确定"按钮。

如图1-46所示,在"类型属性"面板的"类型参数"列表中,修改"网格1"分区的"间距"属性为"1000.0";修改"网格2"分区的"间距"属性为"600.0";修改"网格1竖梃"分区的"内部类型"属性为"圆形竖梃:50 mm 半径";修改"网格2竖梃"分区的"内部类型"属性为"圆形竖梃:50 mm 半径"。点击"类型属性"面板→"确定"按钮。

选择其中的幕墙表面,激活"修改丨放置面幕墙系统"选项卡(图1-48)。

如图1-48所示,单击"修改丨放置面幕墙系统"选项卡→"多重选择"面板→"创建系统"选项,生成幕墙(图1-49)。

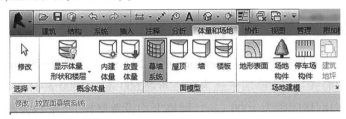

图 1-44

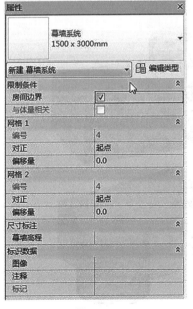

图 1-45

图 1-46

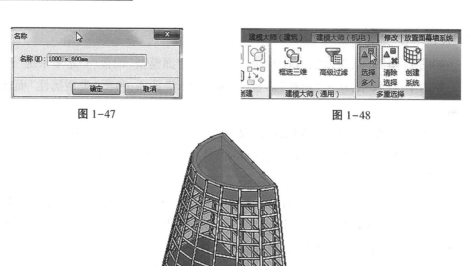

图 1-47   图 1-48

图 1-49

1.5　实例二

创建如图 1-50 所示模型。(1)面墙为厚度 200 mm 的"常规-200 mm"面墙,定位线为"核心层中心线";(2)幕墙系统为网格布局 600 mm×1000 mm(即横向网格间距为 600 mm,竖向网格间距为 1000 mm),网格上均设置竖梃,竖梃均为圆形竖梃,半径为 50 mm;(3)屋顶为厚度为 400 mm 的"常规-400 mm"屋顶;(4)楼板为厚度为 150 mm 的"常规-150 mm"楼板,标高 1 至标高 6 上均设置楼板。

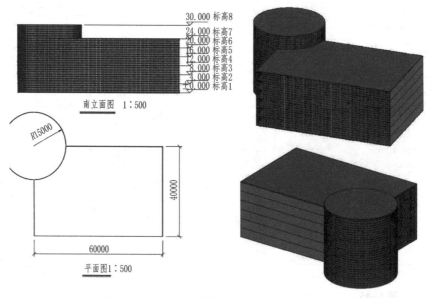

图 1-50

1.5.1 步骤一

如图 1-51 所示,创建标高(采用阵列方法)和相应楼层平面。

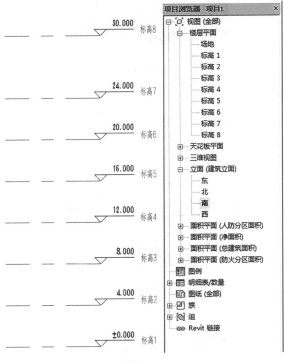

图 1-51

1.5.2 步骤二

建立长方体和圆柱体实体,并将两个实体合并(图 1-52)。

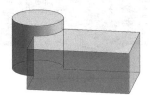

图 1-52

1.5.3 步骤三

按 1.4.6 步骤六的方法创建楼板(图 1-53)。

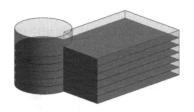

图1-53

1.5.4 步骤四

按1.4.7步骤七的方法创建墙体(图1-54)。

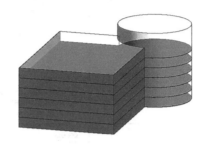

图1-54

1.5.5 步骤五

按1.4.8步骤八的方法创建幕墙(图1-55)。

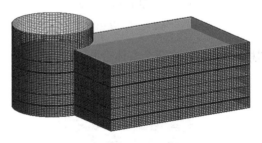

图1-55

1.5.6 步骤六

如图1-56所示,单击"体量和场地"选项卡→"面模型"面板→"屋顶"选项,选择屋顶面,激活"修改 | 放置面屋顶"选项卡(图1-57)。

如图1-57所示,单击"修改 | 放置面屋顶"选项卡→"多重选择"面板→"创建屋顶"选项,生成屋顶(图1-58)。

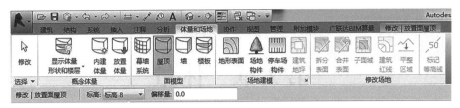

图 1-56

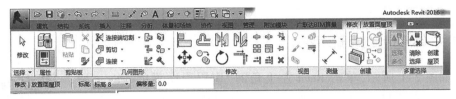

图 1-57

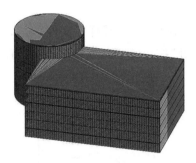

图 1-58

第2章 体量

2.1 体量编辑环境

如图 2-1 所示，单击 Revit 左上角的"应用程序菜单"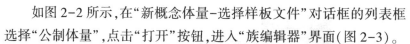→"新建"→"概念体量"，弹出"新概念体量-选择样板文件"对话框（图 2-2）。

如图 2-2 所示，在"新概念体量-选择样板文件"对话框的列表框选择"公制体量"，点击"打开"按钮，进入"族编辑器"界面（图 2-3）。

图 2-1

图 2-2

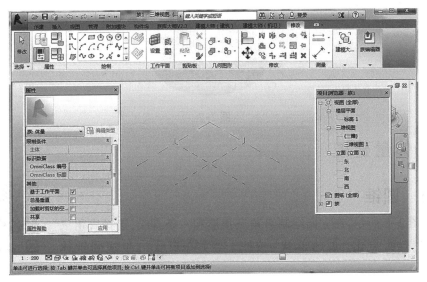

图 2-3

2.2　体量使用

　　如图 2-4 所示,单击"体量和场地"选项卡→"概念体量"面板→
"放置体量"选项,弹出警告框(图 2-5),点击"是"按钮,弹出"载入
族"对话框(图 2-6)。如图 2-6 所示,在"载入族"对话框中选择需要载入的体量文
件,点击"打开"按钮,将体量模型载入到项目中(图 2-7)。

图 2-4

图 2-5

图 2-6

图 2-7

2.3　体量建模

2.3.1　圆锥

　　如图 2-8 所示,在立面绘制直角三角形和一条直线,选择直角三角形和直线,点击"创建形状"按钮→"实心形状",生成圆锥体(图 2-9)。

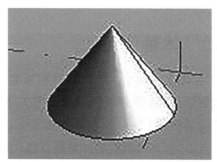

图 2-8　　　　　　　　　　　　　　　　图 2-9

2.3.2　放样

　　如图 2-10 所示,创建标高和相应的平面视图,分别在标高 1 到标高 5 绘制不同直径圆(图 2-11)。选择上述圆,点击"创建形状"按钮→"实心形状",生成实体(图 2-12)。

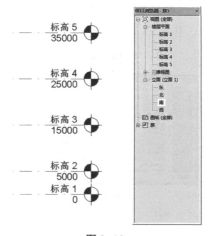

图 2-10

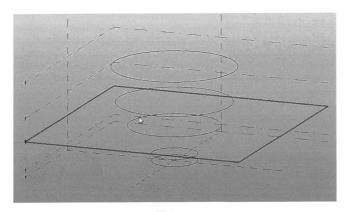

图 2-11

图 2-12

2.3.3　半圆柱面

如图 2-13 所示,绘制半圆弧,点击"创建形状"按钮→"实心形状",生成半圆柱面
(图 2-14)。

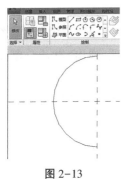

图 2-13

图 2-14

2.3.4　半球面

如图 2-15 所示,绘制四分之一圆弧和一条直线,选择直线和圆弧,点击"创建形
状"按钮→"实心形状",选择"圆弧表面"选项(图 2-16),生成半球面(图 2-17)。

可以通过控制旋转角,控制球面形状。如图 2-18 所示,将"属性"面板→"限制条
件"分区→"结束角度"参数由 360.000°修改为 180.000°,生成四分之一球面。

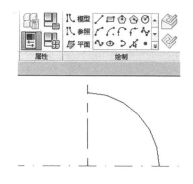

图 2-15

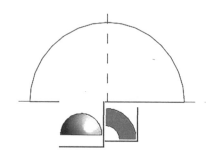

图 2-16

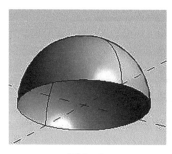

图 2-17

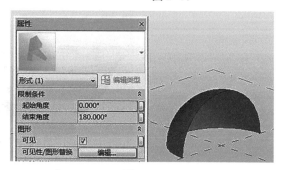

图 2-18

2.4　网格划分

如图 2-19 所示,绘制样条曲线,选择样条曲线,点击"创建形状"按钮→"实心形状",生成曲面(图 2-20)。

如图 2-20 所示,选择曲面,激活"修改|形式"选项卡(图 2-21)。如图 2-21 所示,单击"修改|形式"选项卡→"分割"面板→"↘"选项,弹出"默认分割设置"对话框(图 2-22)。

如图 2-22 所示,在"默认分割设置"对话框设置"U 网格"数量为"10","V 网格"数量为"15",点击"确定"按钮。

如图 2-21 所示,单击"修改|形式"选项卡→"分割"面板→"分割表面"选项,完成曲面网格划分(图 2-23)。

如图 2-24 所示,单击"修改|分割的表面"选项卡→"表面表示"面板→"↘"选项,弹出"表面表示"对话框(图 2-25)。

如图 2-25 所示,在"表面表示"对话框中,勾选"节点"复选框,点击"确定"按钮,可实现分割节点(图 2-26)。

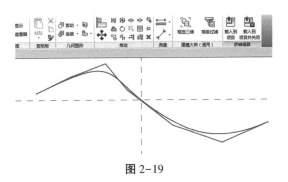

图 2-19

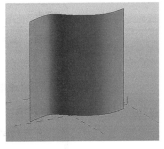

图 2-20

图 2-21

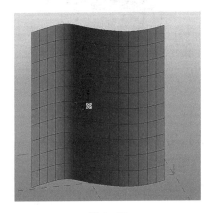

图 2-22

图 2-23

图 2-24

图 2-25

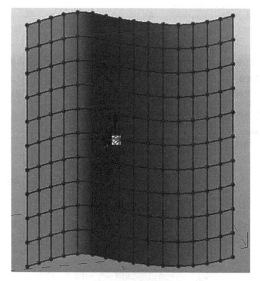

图 2-26

2.5 异形大厦

根据给定尺寸(图 2-27),用体量方式创建模型。

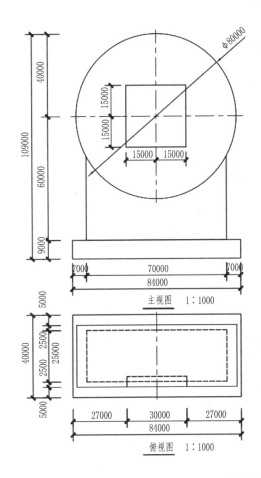

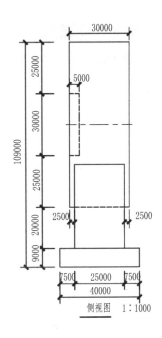

图 2-27

如图 2-28 所示,异形大厦分为 4 个部分:3 个实体,1 个空心模型。

2.5.1　步骤一

按图 2-29,绘制标高和创建楼层平面。按图 2-30,绘制参照面。

2.5.2　步骤二

如图 2-31 所示,在标高 1 平面,绘制拉伸模型件 1,将模型高度对齐到标高 2(图 2-32)。

2.5.3　步骤三

如图 2-33 所示,在标高 2 平面,绘制拉伸模型件 2,将模型高度对齐到标高 3(图 2-34)。

2.5.4　步骤四

在南立面,绘制圆柱形拉伸模型件 4。如图 2-35 所示,单击"修改/形式"选项卡→"修改"面板→"连接"→"连接几何图形"。

2.5.5 步骤五

如图 2-28 所示,创建空心模型 3,完成方圆大厦模型创建。

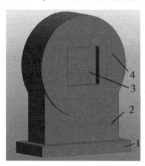

图 2-28

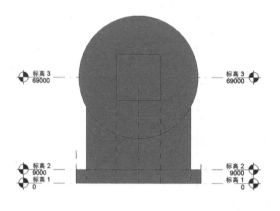 

图 2-29

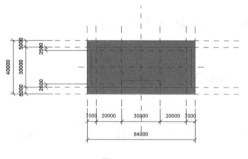 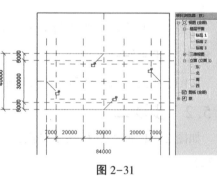

图 2-30　　　　　　　　　　　　　图 2-31

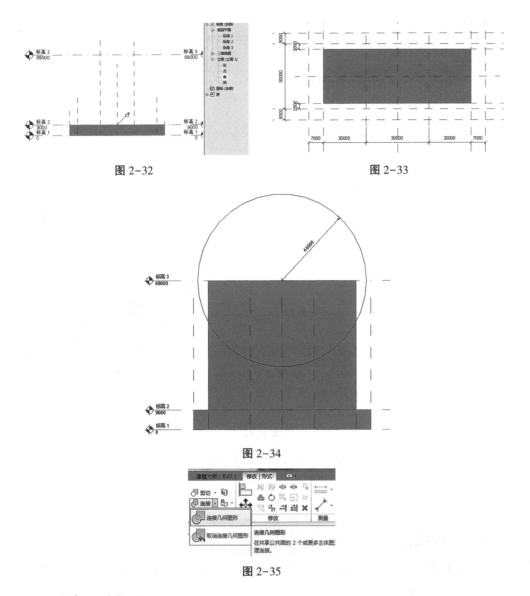

图 2-32　　　　　　　　　　图 2-33

图 2-34

图 2-35

2.6　体量模型

创建如图 2-36 所示模型。(1)幕墙系统为网格布局 3000 mm×9000 mm(即横向网格间距为 9000 mm,竖向网格间距为 3000 mm),网格上均设置竖梃,竖梃均为圆形竖梃,半径 50 mm;(2)屋顶为厚度 400 mm 的"常规-400 mm"屋顶;(3)楼板为厚度 150 mm 的"常规-150 mm"楼板。大厦四周均为幕墙,创建 F8、F18、F23 屋顶及各层楼板。

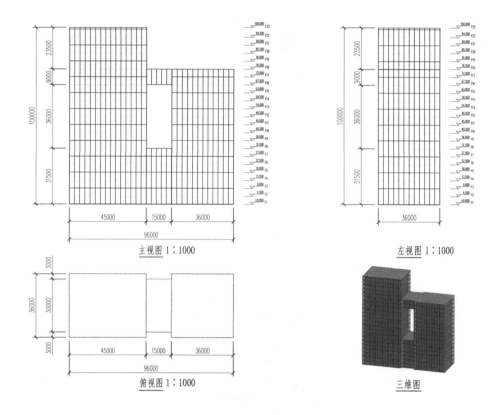

图 2-36

如图 2-37 所示,体量模型分为 3 个部分,其中件 3 可以通过对件 1 镜像生成。

2.6.1 步骤一

按图 2-30,绘制参照面。

2.6.2 步骤二

如图 2-31 所示,在不同高度的楼层平面绘制件 1 的截面,选择不同高度的截面,点击"创建形状"选项生成件 1。对件 1 镜像生成件 3。

2.6.3 步骤三

在"标高 1"楼层平面绘制件 2 的截面,点击"创建形状"选项生成件 2。

2.6.4 步骤四

如图 2-38~2-39 所示,在项目中创建标高。

2.6.5 步骤五

为体量生成楼板、屋顶。

2.6.6 步骤六

为体量生成幕墙。

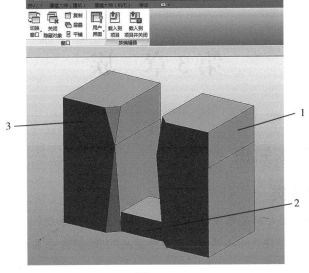

图 2-37

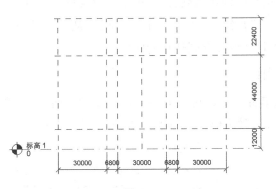

图 2-38

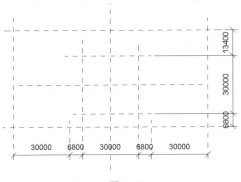

图 2-39

第 3 章　族

3.1　族的基本知识

3.1.1　族的分类

Revit 中的所有图元都是基于族建立的。Revit 族分为系统族、内建族、构件族。

系统族:系统族是在 Autodesk Revit 中预定义的族,包含基本建筑构件,例如墙、楼板、管子。

内建族:在当前项目中创建的族,仅可用于该项目特定的对象。

构件族:具有.rfa 扩展名,可以将它们载入项目,从一个项目传递到另一个项目,如果需要还可以从项目文件保存到任意的库中。

3.1.2　族的使用

如图 3-1 所示,单击"插入"选项卡→"从库中载入"面板→"载入族"选项,弹出"载入族"对话框(图 3-2)。在"载入族"对话框中,选择需要载入的族文件,点击"打开"按钮。

图 3-1

图 3-2

如图 3-3 所示,在项目中放置族的方法。

机械族:单击"系统"选项卡→"模型"面板→"构件"选项,放置族。

建筑族:单击"建筑"选项卡→"构件"面板→"构件"选项,放置族。

结构族:单击"结构"选项卡→"模型"面板→"构件"选项,放置族。

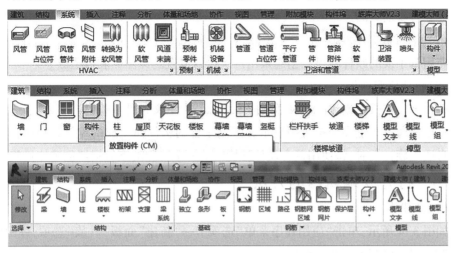

图 3-3

3.1.3 族样板

(1)公制常规族样板

使用公制常规族样板创建的族可以放在项目的任何位置,不依赖于任何表面,其是最常用的族样板。

(2)基于墙的族样板

使用基于墙的族样板可以创建插入到墙中的构件。有些墙构件(例如门和窗)可以包含洞口,因此在墙上放置该构件时,它会在墙上剪切出一个洞口。基于墙的构件的一些示例包括门、窗和照明设备。每个样板中都包括一面墙,为了展示构件与墙之间的配合情况,这面墙是必不可少的。

(3)基于天花板的族样板

使用基于天花板的族样板可以创建插入到天花板中的构件。有些天花板构件包含洞口,因此在天花板上放置该构件时,它会在天花板上剪切出一个洞口。基于天花板的族示例包括喷水装置和隐蔽式照明设备。

(4)基于楼板的族样板

使用基于楼板的族样板可以创建插入到楼板中的构件。有些楼板构件(例如加热风口)包含洞口,因此在楼板上放置该构件时,它会在楼板上剪切出一个洞口。

(5)基于屋顶的族样板

使用基于屋顶的族样板可以创建插入到屋顶中的构件。有些屋顶构件包含洞口,因此在屋顶上放置该构件时,它会在屋顶上剪切出一个洞口。基于屋顶的族示例包括天窗和屋顶风机。

(6)基于面的族样板

使用基于面的族样板可以创建基于工作平面的族,这些族可以修改它们的主体。由样板创建的族可在主体中进行复杂的剪切。这些族的实例可放置在任何表面上,而不考虑它自身的方向。

(7)基于线的族样板

使用基于线的族样板可以创建采用两次拾取放置的详图族和模型族。

(8)自适应族样板

使用该族样板可创建需要灵活适应许多独特上下文条件的构件。例如,自适应构件可以用在通过布置多个符合用户定义限制条件的构件而生成的重复系统中。选择一个自适应族样板时,将使用概念设计环境中的一个特殊的族编辑器创建体量族。

3.1.4 打开族编辑器的方法

(1)新建族

如图3-4所示,单击"应用程序菜单"选项卡→"新建"面板→"族"选项,弹出"新族-选择样板文件"对话框(图3-5)。

如图3-5所示,在"新族-选择样板文件"对话框的列表框选择"公制常规模型",点击"打开"按钮,进入"族编辑器"界面(图3-6)。

图 3-4

图 3-5

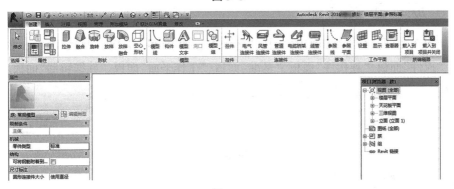

图 3-6

（2）打开已有族

如图 3-7 所示，单击"应用程序菜单"选项卡→"打开"面板→"族"选项，弹出"打开"对话框（图 3-8）。

图 3-7

图 3-8

（3）编辑项目中的族

如图 3-9 所示，选中项目中的门图元，激活"修改丨门"选项卡。单击"修改丨门"选项卡→"模式"面板→"编辑族"选项，进入族编辑器（图 3-6）。也可双击门图元，进入族编辑器（图 3-6）。

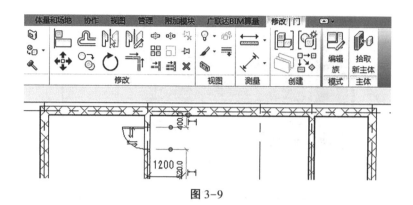

图 3-9

3.2 族编辑器界面

如图 3-10 所示,族编辑器的"创建"选项卡包括"属性"面板、"形状"面板、"模型"面板、"控件"面板、"连接件"面板、"基准"面板、"工作平面"面板、"族编辑器"面板。

图 3-10

3.2.1 "属性"面板

"属性"面板包括"属性"选项、"族类别和族参数"选项、"族类型"选项。

(1)"属性"选项

点击"属性"选项可显示和隐藏"属性"面板。

(2)"族类别和族参数"选项

点击"族类别和族参数"选项,弹出"族类别和族参数"面板(图 3-11)。

如图 3-11 所示,在"族类别和族参数"面板→"族类别"分区的列表框内,可选择族类别。

(3)"族类型"选项

点击"族类型"选项,弹出"族类型"面板(图 3-12)。

①"族类型"分区

如图 3-12 所示,在"族类型"面板的"族类型"分区,点击"新建"按钮,弹出"名称"对话框(图 3-13)。

如图 3-13 所示,在"名称"对话框输入"100×200×300",点击"确定"按钮,返回"族类型"面板(图 3-12)。

重复以上步骤,建立"200×300×400"族类型。

注:在"族类型"面板右上方的"族类型"分区中,点击"新建""重命名""删除"按

钮,可完成族类型的新建、重命名和删除操作。

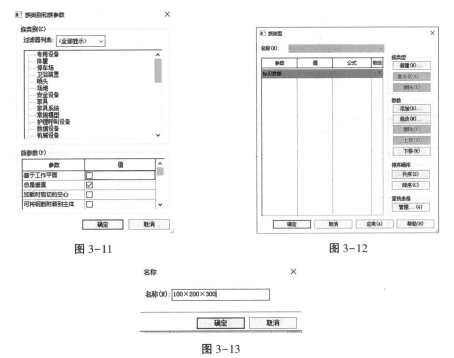

图 3-11　　　　　　　　　图 3-12

图 3-13

②"参数"分区

如图 3-12 所示,在"族类型"面板的"参数"分区,点击""添加(D)..."按钮,弹出"参数属性"面板(图 3-14)。

如图 3-14 所示,在"参数属性"面板→"参数数据"分区→"名称"文本框,输入"宽",点击"确定"按钮,返回"族类型"面板(图 3-15)。

注:在"族类型"面板的"参数"分区中,点击"修改""删除"按钮,可完成参数的修改和删除操作。

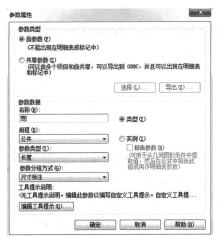

图 3-14

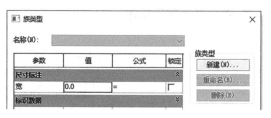

图 3-15

3.2.2 "形状"面板

如图 3-16 所示,"形状"面板包括:"拉伸"选项、"融合"选项、"旋转"选项、"放样"选项、"放样融合"选项及"空心形状"下拉按钮。生成的"空心形状"可用其删除实心形状的一部分。点击"空心形状"下拉按钮,下拉出"空心拉伸"选项、"空心融合"选项、"空心旋转"选项、"空心放样"选项、"空心放样融合"选项。

图 3-16

3.2.3 "控件"面板

如图 3-17 所示,单击"创建"选项卡→"控件"面板→"控件"选项,激活"修改 | 放置 控制点"选项卡(图 3-18)。

图 3-17

图 3-18

如图 3-19 所示,将"双向垂直"和"双向水平"控件放置到族中。单击"修改 | 放置 控制点"选项卡→"族编辑器"面板→"载入到项目"选项,将族载入到项目中。

如图 3-20 所示,选中该族,显示出"双向垂直"和"双向水平"控件。点击"双向垂直"控件,族垂直翻转(图 3-21)。点击"双向水平"控件,族水平翻转(图 3-22)。

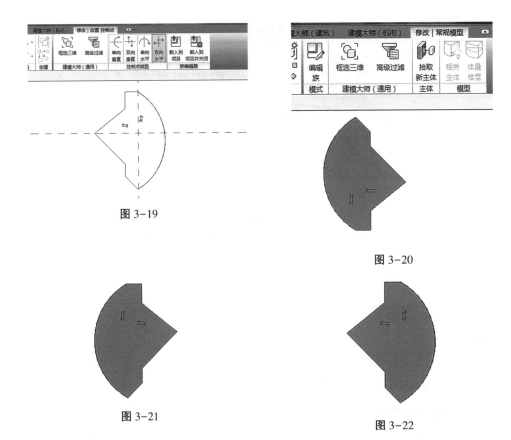

图 3-19

图 3-20

图 3-21

图 3-22

3.2.4 "工作平面"面板

如图 3-23 所示,"工作平面"面板包括:"设置"选项、"显示"选项、"查看器"选项。

图 3-23

(1)选择几何面

如图 3-24 所示,单击"创建"选项卡→"工作平面"面板→"设置"选项,弹出"工作平面"对话框(图 3-25)。如图 3-25 所示,在"工作平面"对话框中的"指定新的工作平面"分区选中"拾取一个平面"选项,选中模型的斜面,单击"创建"选项卡→"工作平面"面板→"显示"选项,显示工作平面(图 3-26)。

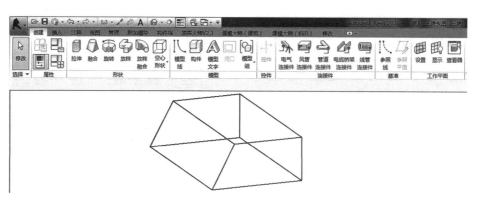

图 3-24

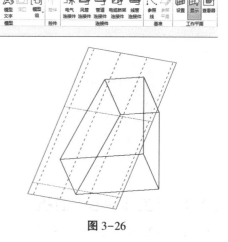

图 3-25

图 3-26

（2）选择参照面

如图 3-27 所示，在"参照标高"楼层平面视图，创建 3 个参照面。

设置参照面 1 为工作平面，打开"前"视图，绘制圆形。

设置参照面 2 为工作平面，打开"前"视图，绘制椭圆。

设置参照面 3 为工作平面，打开"前"视图，绘制正六边形。

如图 3-28 所示，在"三维"视图中可看到圆、椭圆、正六边形分别位于不同工作平面。

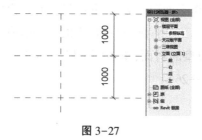

图 3-27

图 3-28

3.2.5 其他面板

(1)"模型"面板

如图 3-29 所示,"模型"面板包括:"模型线"选项、"构件"选项、"模型文字"选项、"模型组"选项。

图 3-29

(2)"连接件"面板

如图 3-30 所示,"连接件"面板包括"电气连接件"选项、"风管连接件"选项、"管道连接件"选项、"电缆桥架连接件"选项、"线管连接件"选项。

(3)"基准"面板

如图 3-30 所示,"基准"面板包括"参照线"选项和"参照平面"选项。

图 3-30

3.3 可见性设置和线型设置

3.3.1 可见性设置

(1)详细程度显示设置

如图 3-31 所示,族中有长方体、球体和圆柱体三个实体。

选中长方体(激活),点击"修改 | 拉伸"选项卡(图 3-32)。点击"修改 | 拉伸"选项卡→"模式"面板→"可见性设置"选项,弹出"族图元可见性设置"面板(图 3-33)。如图 3-33 所示,在"族图元可见性设置"面板的"详细程度"分区中只选择"粗略"选项,点击"确定"按钮。

按上述方法设置球体为"中等"(图 3-34),圆柱体为"精细"(图 3-35)。

将族载入到项目中。改变状态栏"详细程度"选项,选择"粗略"只显示长方体(图 3-36),选择"中等"只显示球体(图 3-37),选择"精细"只显示圆柱体(图 3-38)。

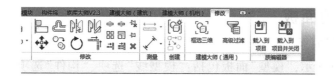

图 3-31

图 3-32

图 3-33

图 3-34

图 3-35

图 3-36

图 3-37

图 3-38

（2）视图显示设置

如图 3-31 所示，族中有长方体、球体和圆柱体三个实体。

选中长方体（激活），点击"修改 | 拉伸"选项卡（图 3-32）。点击"修改 | 拉伸"

选项卡→"模式"面板→"可见性设置"选项,弹出"族图元可见性设置"面板(图3-33)。如图3-39所示,在"族图元可见性设置"面板的"视图专用显示"分区中只选择"平面/天花板平面视图"选项,点击"确定"按钮。

按上述方法设置球体为"前/后视图"(图3-40),圆柱体为"左/右视图"(图3-41)。

将族载入到项目中。改变视图,在"标高1"视图只显示长方体(图3-42),在"南"立面和"北"立面只显示球体(图3-43),在"东"立面和"西"立面只显示圆柱体(图3-44)。

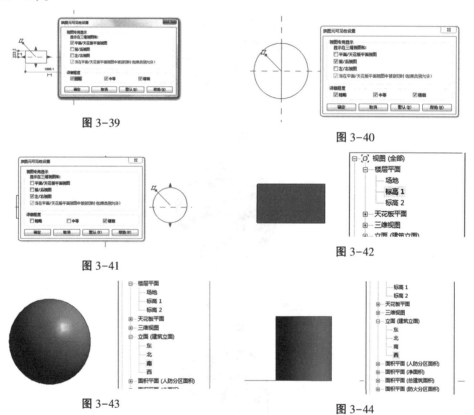

图3-39   图3-40

图3-41   图3-42

图3-43   图3-44

3.3.2　线型设置

如图3-45所示,单击"视图"选项卡→"图形"面板→"可见性/图形"选项,弹出"可见性/图形"面板(图3-46)。

如图3-46所示,在"可见性/图形"面板,点击"对象样式"按钮,弹出"对象样式"面板(图3-47)。

如图3-47所示,在"对象样式"面板,点击"新建"按钮,弹出"新建子类别"面板(图3-48)。

如图3-48所示,"新建子类别"面板→"名称"文本框填写"A",点击"确定"按钮,返回"对象样式"面板。

如图 3-49 所示,在"对象样式"面板将"A"子类别的线颜色修改为"红色",线型图案修改为"中心线"。

如图 3-50 所示,使用模型线进行图形绘制,同时将子类别设为"A[截面]",在图中绘制的图形颜色为红色,线型图案为"中心线"。

图 3-45

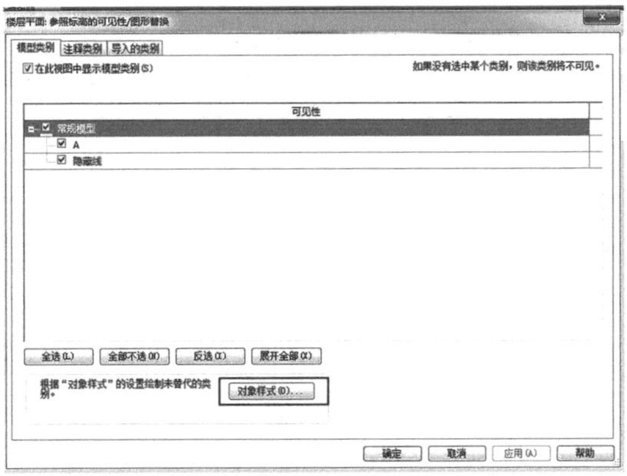

图 3-46

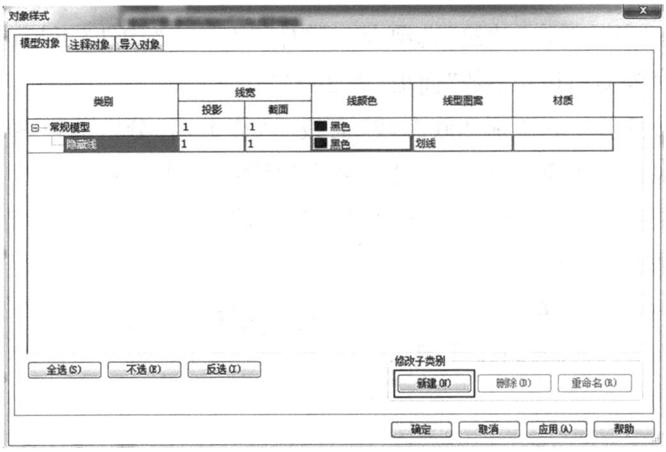

图 3-47

图 3-48

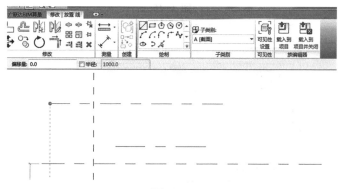

图 3-49

图 3-50

3.4 内建族

如图 3-51 所示,单击"建筑"选项卡→"构件"面板→"构件"下拉选项→"内建模型"选项,弹出"族类别和族参数"面板(图 3-52)。

如图 3-52 所示,"族类别和族参数"面板→"族类别"分区的列表框内,选择"常规模型"族类别,点击"确定"按钮,弹出"名称"对话框(图 3-53)。

如图 3-53 所示,在"名称"对话框"名称"文本框内填写内建族名称,点击"确定"按钮,进入内建族编辑器。

图 3-51

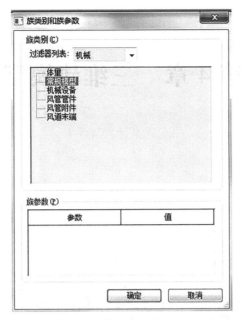

图 3-52

图 3-53

第4章 三维建模型

4.1 拉伸

4.1.1 创建拉伸

(1)如图4-1所示,单击"创建"选项卡→"形状"面板→"拉伸"选项,激活"修改丨创建拉伸"选项卡(图4-2)。

图4-1

(2)如图4-2所示,"修改丨创建拉伸"选项卡→"绘制"面板→"圆"选项,在绘图区绘制圆。

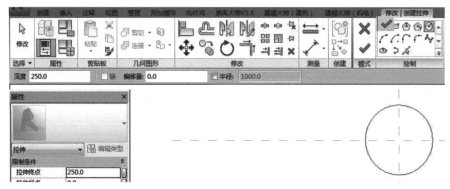

图4-2

(3)如图4-2所示,"修改丨创建拉伸"选项卡→"模式"面板→"确定"✔选项,完成绘制。拉伸模型见图4-3。

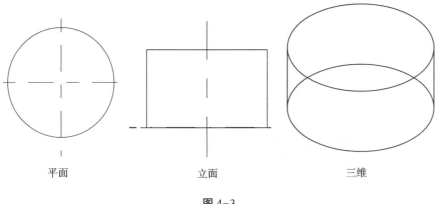

平面　　　　　　　　　立面　　　　　　　　　三维

图 4-3

4.1.2　编辑拉伸

（1）修改拉伸截面

选中拉伸模型，激活"修改｜拉伸"选项卡（图 4-4）。单击"修改｜拉伸"选项卡→"模式"面板→"编辑拉伸"选项，激活"修改｜拉伸>编辑拉伸"选项卡，可修改拉伸截面，或者双击拉伸模型（图 4-5）。

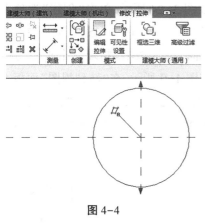

图 4-4

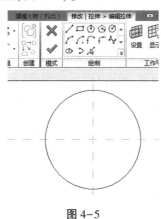

图 4-5

（2）修改拉伸长度

如图 4-6 所示，选中拉伸模型，在"属性"面板的"限制条件"分区将"拉伸终点"参数改为"500.0"，"拉伸起点"参数改为"−500.0"（图 4-7）。

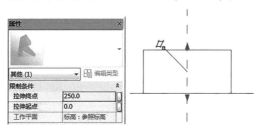

图 4-6

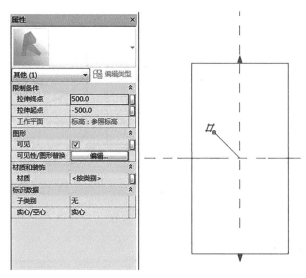

图 4-7

4.1.3 工作平面

(1)选择参照面

如图 4-8 所示,在"前"立面创建参照面。如图 3-24 所示,单击"创建"选项卡→"工作平面"面板→"设置"选项,弹出"工作平面"对话框(图 3-25)。如图 3-25 所示,在"工作平面"对话框中的"指定新的工作平面"分区选中"拾取一个平面"选项。点击参照面,弹出"转到视图"面板(图 4-9)。如图 4-9 所示,在"转到视图"面板上部列表框选择"楼层平面:参照标高"选项,点击"打开视图"按钮,进入"楼层平面"视图。如图 4-10 所示,在"楼层平面"视图,创建拉伸体。如图 4-11 所示,进入"前"立面,可见拉伸体起点位于绘制的参照面上。

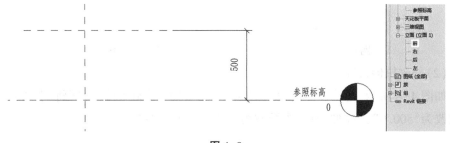

图 4-8

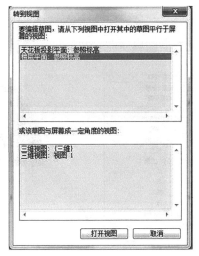

图 4-9

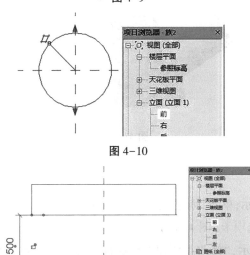

图 4-10

图 4-11

（2）选择实体面

如图4-12所示,绘制带有斜面的实体。如图3-24所示,单击"创建"选项卡→"工作平面"面板→"设置"选项,弹出"工作平面"对话框（图3-25）。如图3-25所示,在"工作平面"对话框中的"指定新的工作平面"分区选中"拾取一个平面"选项。选中实体的斜面,点击"创建"选项卡→"工作平面"面板→"显示"选项,显示工作平面（图4-13）。如图4-14所示,在工作平面绘制圆柱体。

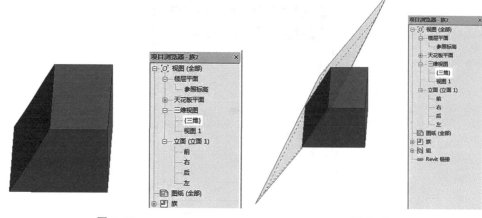

图 4-12   图 4-13

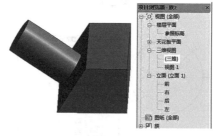

图 4-14

4.2 融合

(1)如图 4-15 所示,单击"创建"选项卡→"形状"面板→"融合"选项,激活"修改丨创建融合底部边界"选项卡(图 4-16)。

(2)如图 4-16 所示,"修改丨创建融合底部边界"选项卡→"绘制"面板→"圆"选项,在绘图区绘制一直径 400.0 的圆。

(3)如图 4-16 所示,"修改丨创建融合底部边界"选项卡→"模式"面板→"编辑顶部"选项,激活"修改丨创建融合顶部边界"选项卡(图 4-17)。

(4)如图 4-17 所示,"修改丨创建融合顶部边界"选项卡→"绘制"面板→"圆"选项,在绘图区绘制一直径 200.0 的圆。

(5)如图 4-17 所示,"修改丨创建融合顶部边界"选项卡→"模式"面板→"确定"选项,完成绘制。融合模型见图 4-18。

图 4-15

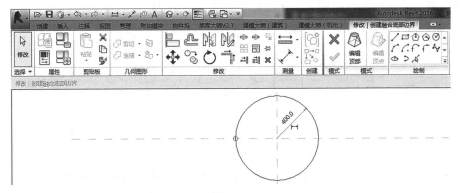

图 4-16

图 4-17

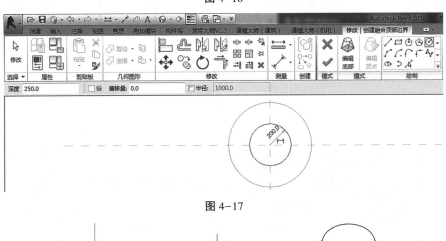

图 4-18

4.3 旋转

(1)如图 4-19 所示,单击"创建"选项卡→"形状"面板→"旋转"选项,激活"修改丨创建旋转"选项卡(图4-20)。

(2)如图4-20所示,进入前立面视图,"修改丨创建旋转"选项卡→"绘制"面板→"圆"选项,在绘图区绘制两个同心的直径分别为200和100的圆。

(3)如图4-21所示,"修改丨创建旋转"选项卡→"绘制"面板→"轴线"选项→"拾取线",拾取垂直轴线(图4-22)。

(4)如图4-21所示,"修改丨创建旋转"选项卡→"模式"面板→"确定" ✓选项,完成绘制。旋转模型立面图见图4-23,平面图见图4-24,三维图见图4-25。

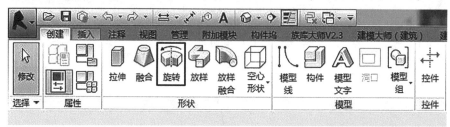

图4-19

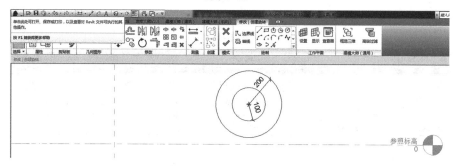

图4-20

图4-21

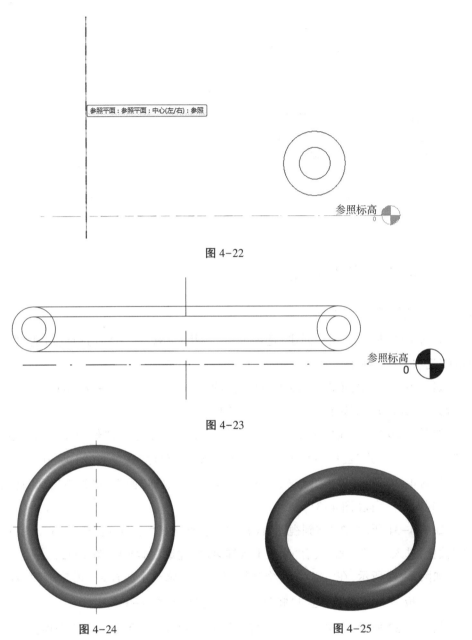

图 4-22

图 4-23

图 4-24

图 4-25

（5）如图 4-26 所示,选中旋转体圆环,在"属性"面板→"限制条件"分区→"结束角度"选项改为 270.000°。由图示可知,通过修改起始角度可改变旋转体形状。

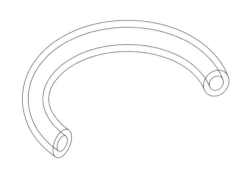

图 4-26

4.4 放样与放样融合

4.4.1 放样

如图4-27所示,单击"创建"选项卡→"形状"面板→"放样"选项,激活"修改 | 放样"选项卡(图4-28)。

如图4-28所示,单击"修改 | 放样"选项卡→"放样"面板→"绘制路径"选项,激活"修改 | 放样>绘制路径"选项卡(图4-29)。

如图4-29所示,在"参照标高"平面绘制正六边形,点击"修改 | 放样>绘制路径"选项卡→"模式"面板→"✔"选项,返回"修改 | 放样"选项卡(图4-30)。

如图4-30所示,单击"修改 | 放样"选项卡→"放样"面板→"编辑轮廓"选项,弹出"转到视图"面板(图4-31)。

如图4-31所示,在"转到视图"面板的列表框选择"立面:前"选项,点击"打开视图"按钮,进入"前"视图,激活"修改 | 放样>编辑轮廓"选项卡(图4-32)。

如图4-32所示,在"前"立面绘制轮廓,点击"修改 | 放样>编辑轮廓"选项卡→"模式"面板→"✔"选项,返回"修改 | 放样"选项卡(图4-33)。

如图4-33所示,点击"修改 | 放样"选项卡→"模式"面板→"✔"选项,生成钻石模型(图4-34)。

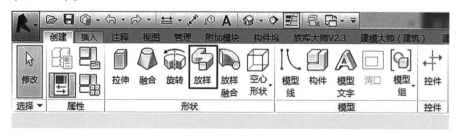

图 4-27

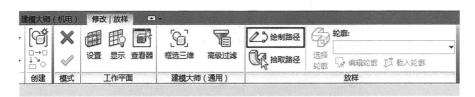

图 4-28

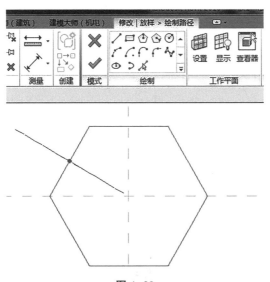

图 4-29

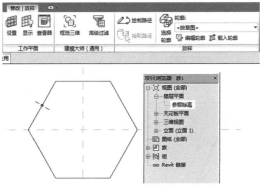

图 4-30

图 4-31

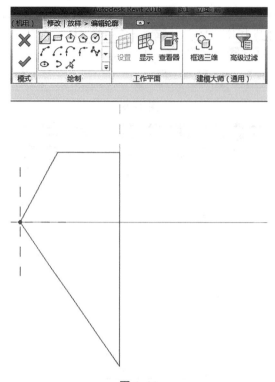

图 4-32

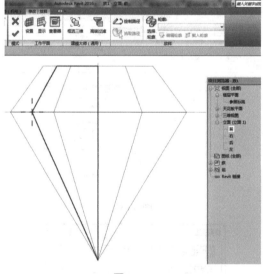

图 4-33

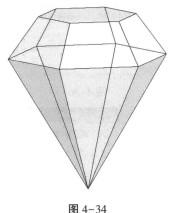

图 4-34

4.4.2　放样融合

　　如图 4-35 所示,单击"创建"选项卡→"形状"面板→"放样融合"选项,激活"修改 | 放样融合"选项卡(图 4-36)。

　　如图 4-36 所示,单击"修改 | 放样融合"选项卡→"放样融合"面板→"绘制路径"选项,激活"修改 | 放样样融合>绘制路径"选项卡(图 4-37)。

　　如图 4-37 所示,在"参照标高"绘制样条曲线,点击"修改 | 放样融合>绘制路径"选项卡→"模式"面板→"✔"选项,返回"修改 | 放样融合"选项卡(图 4-38)。

　　如图 4-38 所示,单击"修改 | 放样融合"选项卡→"放样融合"面板→"选择轮廓1"选项→"编辑轮廓"选项,弹出"转到视图"面板(图 4-31)。

　　如图 4-31 所示,在"转到视图"面板的列表框选择"立面:左"选项,点击"打开视图"按钮,进入"左"视图,激活"修改 | 放样融合>编辑轮廓"选项卡(图 4-39)。

　　如图 4-39 所示,在"左"立面绘制半径 20.0 的圆,点击"修改 | 放样融合>编辑轮廓"选项卡→"模式"面板→"✔"选项,返回"修改 | 放样融合"选项卡(图 4-40)。

　　如图 4-40 所示,单击"修改 | 放样融合"选项卡→"放样融合"面板→"选择轮廓2"选项→"编辑轮廓"选项,绘制半径 40.0 的圆(图 4-41)。点击"修改 | 放样融合>编辑轮廓"选项卡→"模式"面板→"✔"选项,返回"修改 | 放样融合"选项卡(图 4-42)。

　　如图 4-42 所示,点击"修改 | 放样融合"选项卡→"模式"面板→"✔"选项,生成放样融合模型(图 4-43)。

图 4-35

图 4-36

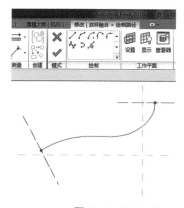

图 4-37

图 4-38

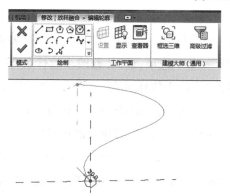

图 4-39

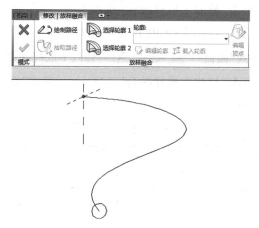

图 4-40

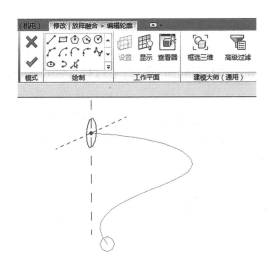

图 4-41

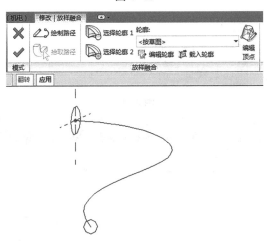

图 4-42

图 4-43

4.5　空心模型

（1）如图4-44所示,在"参照标高"平面,通过拉伸创建长方体,在"属性"面板修改拉伸终点为500.0。

（2）如图4-45所示,单击"创建"选项卡→"形状"面板→"空心形状"下拉选项→"空心拉伸"选项,在长方体右下角创建空心长方体(图4-46)。

（3）如图4-47所示,切换到三维视图,可以看到长方体右下角,被空心长方体切下一角。

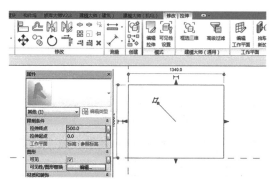

图4-44

图4-45

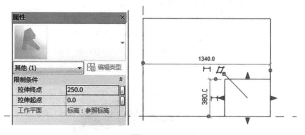

图4-46

图4-47

4.6 异形三维放样模型

4.6.1 模型介绍

在本实例中,我们将创建如图 4-48 所示的空间结构。

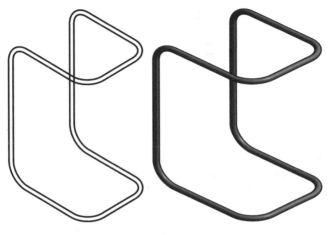

图 4-48

4.6.2 创建方法

(1)创建如图 4-49 所示的拉伸模型。

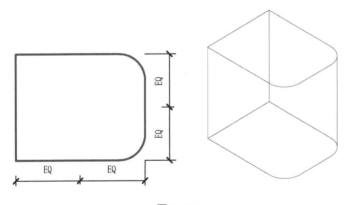

图 4-49

(2)创建如图 4-50 所示的空心拉伸模型。

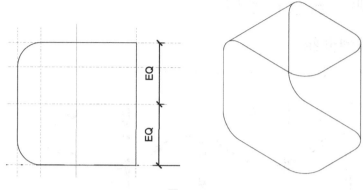

图 4-50

（3）如图 4-51 所示，选择模型边界为放样路径，建立放样模型，删除拉伸模型，即为图 4-48 显示内容。

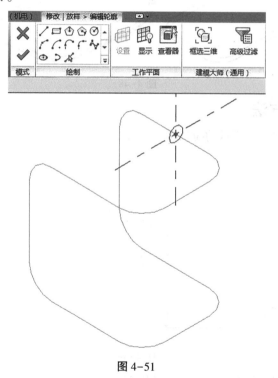

图 4-51

4.7　柱体

根据图 4-52 给定尺寸，创建柱结构。

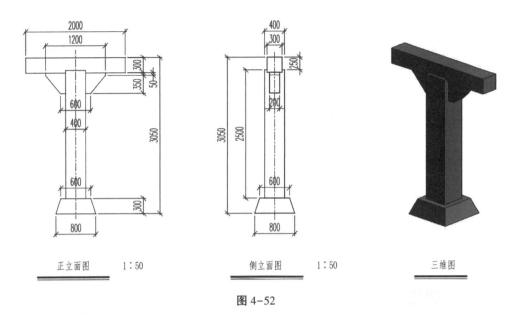

正立面图　　1：50　　　　　侧立面图　　1：50　　　　　三维图

图 4-52

4.7.1　模型介绍

如图 4-53 所示,本体模型由件 1、件 2、件 3、件 4 共四部分组成。

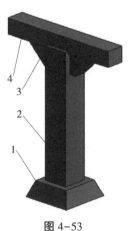

图 4-53

4.7.2　建模步骤

(1)绘制参照面。

(2)用融合方法创建件 1。

(3)用拉伸方法创建件 2。

(4)用拉伸方法创建件 4。

(5)用拉伸方法创建件 3。

4.8　凉亭

根据图 4-54 创建凉亭。

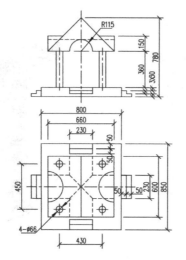

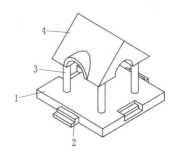

图 4-54

4.8.1 建模思路

凉亭模型可分为四部分,1 为底座、2 为台阶、3 为柱子、4 为亭顶。在建模时,首先建立底座族、台阶族、柱子族、亭顶族。然后将这四个族插入,生成凉亭族。

4.8.2 建模步骤

(1)创建底座族。

(2)创建底台阶。

(3)创建柱子族。

(4)创建亭顶底座。

(5)创建凉亭族。

第 5 章　族的参数属性

5.1　族的类型参数

5.1.1　尺寸参数

（1）新建

如图 5-1 所示，在"族类型"面板点击"参数"分区的"添加（D）…"按钮，弹出"参数属性"面板（图 5-2）。

如图 5-2 所示，在"参数属性"面板→"参数数据"分区→"名称"文本框，输入"宽"，点击"确定"按钮，返回"族类型"面板（图 5-1）。

重复以上两个步骤，为族添加"长"和"高"属性（图 5-3）。

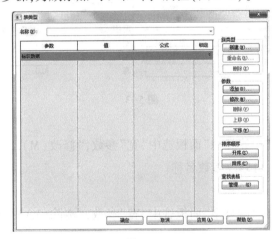

图 5-1

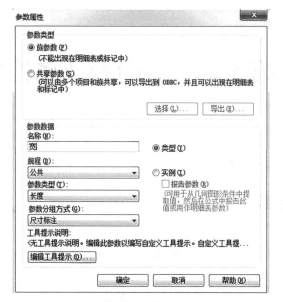

图 5-2

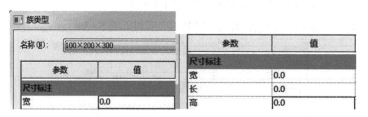

图 5-3

(2)修改

如图 5-1 所示,在"族类型"面板选中"宽"参数,"修改(M)..."按钮,弹出"参数属性"面板(图 5-2),可修改参数名称。

(3)删除

如图 5-1 所示,在"族类型"面板选中"宽"参数,"删除(V)"按钮,删除参数。

(4)为尺寸关联参数

①如图 5-4 所示,创建拉伸,在平面视图上绘制矩形。

②如图 5-5 所示,为矩形进行长宽标注。

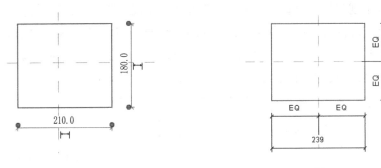

图 5-4　　　　　　　　　　　　　　图 5-5

③如图 5-6 所示,选择长度尺寸 239,在"尺寸标注"选项栏区"标签"下拉列表框
选择"长=300"项,设置结果如图 5-7 所示。

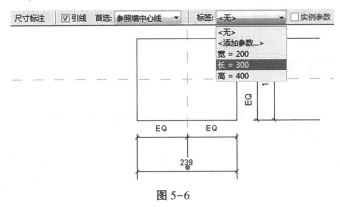

图 5-6

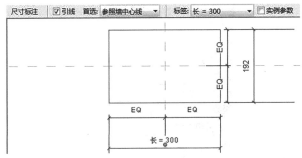

图 5-7

④如图 5-8 所示,按步骤③设置尺寸与"宽"属性链接。

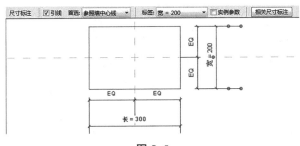

图 5-8

⑤"修改│创建拉伸"选项卡→"模式"面板→"确定"选项,完成绘制。

⑥将族载入到项目中,选中族,如图5-9所示,点击"属性"面板的"编辑类型"按钮,弹出"类型属性"面板。在"类型属性"面板,分别修改参数,宽为400.0,长为500.0,点击"应用"按钮,可见族的长宽尺寸分别改为500,400。

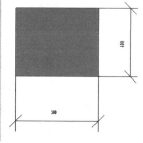

图 5-9

5.1.2 数量参数

(1)新建

如图5-1所示,在"族类型"面板点击"参数"分区的"添加(D)..."按钮,弹出"参数属性"面板(图5-2)。

如图5-10所示,在"参数属性"面板→"参数数据"分区→"名称"文本框,输入"n","参数类型"下拉列表框选择"整数",点击"确定"按钮,返回"族类型"面板(图5-11)。

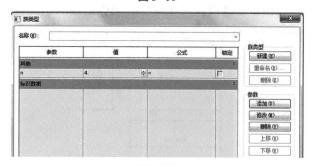

图 5-10

图 5-11

（2）为数量关联参数

如图5-12所示，使用拉伸方法，创建六棱柱。选中六棱柱，使用环形阵列创建六棱柱环形阵列组。

如图5-13所示，选择六棱柱环形阵列组，单击环形阵列的圆，激活"修改｜阵列"状态栏。在"修改｜阵列"状态栏的"标签"下拉列表框选择"n＝6"选项，将参数n与阵列数相关联，如图5-14所示。

如图5-15所示，修改参数"n"为8，阵列数变为8个。

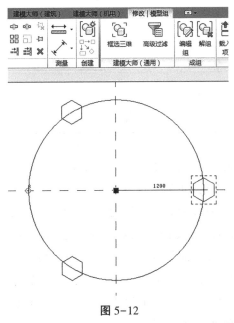

图 5-12

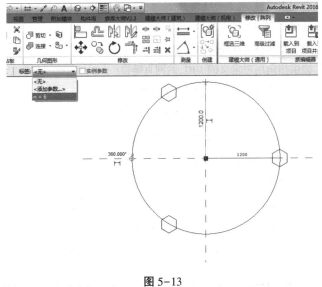

图 5-13

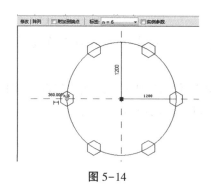

图 5-14

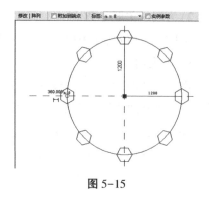

图 5-15

5.1.3 其他参数

(1)公共规程参数

公共规程参数类型见表 5-1。

表 5-1

名称	说明
文字	完全自定义。可用于收集唯一性的数据
整数	始终表示为整数的值
数目	用于收集各种数字数据。可通过公式定义,也可以是实数
长度	可用于设置图元或子构件的长度。可通过公式定义。这是默认的类型
面积	可用于设置图元或子构件的面积。可将公式用于此字段
体积	可用于设置图元或子构件的体积。可将公式用于此字段
角度	可用于设置图元或子构件的角度。可将公式用于此字段
坡度	可用于创建、定义坡度的参数
货币	可以用于创建货币参数
质量密度	表示材质每单位体积质量
URL	提供指向用户定义的 URL 的网页链接
材质	建立可在其中指定特定材质的参数
图像	建立可在其中指定特定光栅图像的参数
是/否	使用"是"或"否"定义参数,最常用于实例属性
多行文字	建立可使用较长多行文字字符串的参数。单击"属性"面板上的"浏览"按钮以输入文字字符串 注:用作共享参数时,在 2016 年以前版本中不兼容
族类型	用于嵌套构件,可在族载入到项目中后替换构件
分割的表面类型	建立可驱动分割表面构件(如面板和图案)的参数。可将公式用于此字段。此参数仅适用于体量族

（2）结构规程参数

结构规程参数类型见表5-2。

表 5-2

名称	说明	表现形式
力	用于定义一个对象对另一对象的作用。适用于"点荷载"力参数	力
线性力	用于定义单位长度的力强度。适用于"线荷载"力参数	力/长度
面积力	用于定义单位面积的力强度。适用于"面荷载"力参数	力/长度^2
力矩	用于定义使对象绕轴旋转的力的趋势。在数学上，力矩被定义为杠杆臂距离矢量与力矢量的叉积。适用于"点荷载"力矩参数	力 * 长度
线性力矩	用于定义单位长度的力矩强度。适用于"线荷载"力矩参数	力 * 长度/长度
应力	用于定义作用于相邻粒子的内部力的物理数量。在数学上，应力被定义为力矢量除以面积	力/长度^2
单位重量	用于定义对象单位体积的重量	力/长度^3
重量	用于定义地球引力作用于对象上的力	力
质量	用于定义对象中物质的数量	质量
单位面积的质量	用于定义对象表面单位面积的质量密度。适用于单位面积的楼板质量	质量/长度^2
热膨胀系数	用于定义对象长度尺寸随温度变化而变化的特性。对于线性图元，将其计算为单位长度的材质膨胀程度除以温度变化	1/温度
点弹性系数	用于定义作用于弹性体某一点的力与其结果位移的比。适用于"点边界条件"中的"弹性刚度"参数	力/长度
线弹性系数	用于定义作用于弹性体某一直线的力与其结果位移的比。适用于"线边界条件"中的"弹性刚度"参数	力/长度^2
面弹性系数	用于定义作用于弹性体某一区域的力与其结果位移的比。适用于"面边界条件"中的"弹性刚度"参数	力/长度^3
转动点弹性系数	用于定义作用于弹性体某一点的力与其结果位移的力矩的比。适用于"点边界条件"中的"弹性刚度"参数	力 * 长度/角度
转动线弹性系数	用于定义作用于弹性体某一直线的力与其结果位移的力矩的比。适用于"线边界条件"中的"弹性刚度"参数	力 * 长度/角度/长度
位移/偏移	用于定义对象运动起点和终点之间的线性距离	长度

续表

名称	说明	表现形式
旋转	用于定义旋转的圆弧距离	角度
周期	用于测量重复操作单个循环的持续时间	时间
频率	用于测量单位时间内重复操作的循环次数	1/时间
角频率	用于定义单位时间内波运行的速率或圆弧距离	$2*Pi$/时间
速度	用于定义对象位置随时间变化的比率。在数学上,速度被定义为距离除以时间	长度/时间
加速度	用于定义对象位置随其速度变化的比率。在数学上,加速度被定义为速度除以时间	长度/时间^2
能量	用于定义置换对象所需力的大小	力*长度
钢筋体积	用于定义对象中假定的钢筋总体积	长度^3
钢筋长度	用于定义对象中假定的钢筋总长度	长度
钢筋面积	用于定义对象中假定的钢筋总面积	长度^2
单位长度的钢筋面积	用于定义对象中单位长度楼板横截面假定的钢筋总面积	长度^2/长度
钢筋间距	用于定义对象中钢筋之间的假定间距	长度
钢筋保护层	用于定义钢筋与其主体外表面之间的假定距离	长度
钢筋直径	用于定义用于加固对象的钢筋的假定直径	长度
裂痕宽度	用于定义增强对象中可接受的假定裂痕宽度	长度
剖面尺寸	用于定义框架图元横截面的线性尺寸	长度
剖面属性	用于定义框架图元横截面的详图尺寸	长度
剖面面积	用于定义框架图元横截面的面积	长度^2
剖面模量	用于定义框架图元横截面的应力和应变之间的几何比例。在数学上,它是框架图元剖面惯性矩除以从剖面重心到外部边缘的尺寸	长度^3
惯性矩	用于定义刚体的质量属性,该属性用于确定绕轴旋转时角加速度所需的力矩。适用于框架图元上的剖面属性	长度^4
翘曲常数	用于定义计算翘曲应力的常数	长度^6
单位长度质量	用于定义框架图元对象的线性质量密度	质量/长度
单位长度重量	用于定义框架图元对象的线性重量	力/长度
单位长度表面积	用于定义对象的线性表面面积。适用于单位长度框架图元的绘图表面	长度^2/长度

（3）HAVC 规程参数

HAVC 规程参数类型见表5-3。

表 5-3

名称	说明
密度	用于定义空气的密度,会影响压降计算
摩擦	用于报告摩擦造成的压降
功率	可设置功率单位格式(出于机械目的)
功率密度	用于表示单位面积的功率
压力	用于报告系统检查器中的静压、总压和余压
温度	用于定义热负荷和冷负荷的热设置点
速度	用于定义风管中的风速
风量	用于定义风管中的风量
风管尺寸	用于定义与风管管件相关的尺寸
横截面	未使用
热增益	用于为冷负荷输入热增益
粗糙度	用于定义风管粗糙度,会影响压降计算
动态黏度	用于定义风的动态黏度,会影响压降计算
风量密度	用于报告单位面积的空气流量
冷负荷	用于报告冷负荷
热负荷	用于报告热负荷
冷负荷除以面积	用于确定热负荷/冷负荷结果的格式
热负荷除以面积	用于确定热负荷/冷负荷结果的格式
冷负荷除以体积	用于热负荷和冷负荷报告中的检验和
热负荷除以体积	用于热负荷和冷负荷报告中的检验和
风量除以体积	用于热负荷和冷负荷报告中的检验和
风量除以冷负荷	用于确定热负荷/冷负荷结果的格式
面积除以冷负荷	用于确定热负荷/冷负荷结果的格式
面积除以热负荷	用于确定热负荷/冷负荷结果的格式
坡度	用于确定风管管段的坡度的格式
系数	用于确定盘管旁路值的格式
风管隔热层厚度	用于确定风管构件的隔热层厚度的格式
风管内衬厚度	用于确定风管构件的内衬厚度的格式

(4)电气规程参数

电气规程参数类型见表5-4。

表5-4

名称	说明
电流	电荷的流动
电位	用于控制电位的输入/输出单位
频率	用于表示交流电源每秒循环次数
照度	单位面积的表面上入射的光通量
亮度	在给定方向传播光的单位面积的强度
光通量	可感知光功率的度量值
发光强度	单位立体角光源在特定方向发射的按波长衡量的功率
效力	光源产生可见光的度量值,用于光源初始强度设置中
色温	用作定义光源初始颜色的输入
功率	电能转换速率
视在功率	在空调系统中为电流乘以电压
功率密度	单位面积的功率
电阻率	用于材料
线径	用于确定导体直径尺寸的格式
温度	用于有关导线类型的环境温度,用于确定导线尺寸
电缆桥架尺寸	用于控制电缆桥架的输入/输出单位
线管尺寸	用于控制线管的输入/输出单位
需求系数	用于将连接的负荷调整至需要的负荷
极数	用于定义连接的导线数
负荷分类	用于给电气负荷分类,以进行负荷计算

(5)管道规程参数

管道规程参数类型见表5-5。

表5-5

名称	说明
密度	用于定义流体的密度,常与压降计算一起使用
流量	流体的体积流量
摩擦	摩擦造成的管道内压降
压力	用于报告系统检查器中的静压、总压和余压
温度	在流体表面用于定义温度相关值
速度	管道中流体的速度

续表

名称	说明
动态黏度	流体流动阻力的度量值(也称为"绝对速度")
管道尺寸	用于控制管道的输入/输出单位
粗糙度	用于根据管道中流体的雷诺数确定摩擦系数
体积	用于报告管道系统中的流体体积
坡度	用于确定管段坡度的格式
管道隔热层厚度	用于确定管道构件隔热层厚度的格式
管道尺寸	用于确定管道构件尺寸特性的格式
质量	用于制造零件权重
单位长度质量	未使用
卫浴装置当量	用于计算管道系统尺寸的设计系数

(6)能量规程参数

能量规程参数类型见表5-6。

表5-6

名称	说明
能量	用于表示能量消耗
传热系数	单位温差下两个对象或材料之间单位面积的传热速率
热阻	单位温差下单位长度的对象或材料阻碍热流量的速率
热质量	添加到对象或材料并导致温度变化的热比率
热传导率	单位温差下单位长度的对象或材料传导热流量的速率
比热	单位温差下单位质量的对象或材料升高单位温度所需的热量
汽化比热	单位质量的材料从液态变为气态所需的热量
渗透性	单位压力下两个对象或材料之间单位面积水分传导的速率

5.2　族的实例参数

5.2.1　普通实例参数

类型参数:应用于项目中该族的全部实例。也就是说在项目中只要修改一个该族实例参数值,其他该族实例参数值也都会跟着变化。修改类型参数要在属性中的"编辑类型"进行修改。

实例参数:应用于项目中个体族实例。也就是说在项目中每个族实例参数都是独立的,修改选中的一个族实例参数值,项目中其他族实例的该参数值不会改变,实例参数会出现在"属性"面板中。

创建长方体,将长方体的宽度尺寸与类型参数"宽"关联。将该族载入到项目中,在项目中放置两个该族实例,修改类型参数"宽"为1000.0,两个族宽度尺寸都变为1000(图5-16)。

编辑该族,将类型参数"宽"改为"实例参数",保存并将该族载入到项目中,在项目中放置两个该族实例,选中其中一个族实例,参数"宽"出现在"属性"面板中,如图5-17所示。修改类型参数"宽"为1000.0,只有选中的族实例宽度尺寸变为1000,其余族实例宽度尺寸不变。

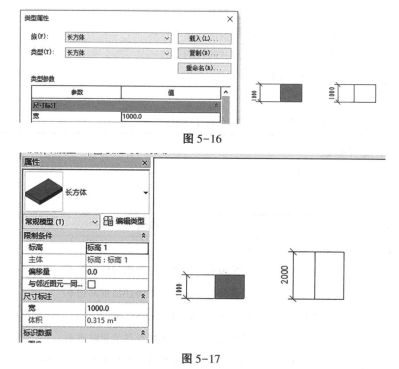

图 5-16

图 5-17

5.2.2 操纵柄

没有操纵柄的族,只能通过修改尺寸参数改变模型尺寸;而具有操纵柄的族,则可通过拖曳操纵柄,改变模型尺寸。

如图5-18所示,创建实例参数"a",创建长方体模型。在右侧绘制参照面,将"属性"面板的"是参照"属性改为"强参照"(图5-19),标注参照面到竖轴的距离,将尺寸与参数"a"关联。将长方体右边锁定到参照面。

将族载入到项目中,并放置到平面视图中。如图5-20所示,点击族,在族右侧出现操纵柄,拖曳操纵柄可改变族的大小尺寸。

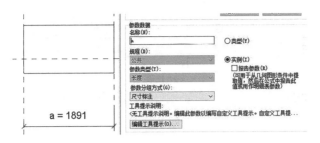

图 5-18

图 5-19

图 5-20

5.2.3 报告参数

报告参数:不能进行修改,根据关联参数进行变化,可用于数值读取、查看和制作明细表。

以"基于墙"的族样板创建族,设置参数"墙厚"为实例参数和报告参数(图 5-21),设置参数"宽"为实例参数,公式为"3 * 墙厚"(图 5-22)。将墙的厚度与参数"墙厚"关联,创建长方体,将长方体宽与参数"宽"关联,设置参数"宽"为实例参数(图 5-23)。

图 5-21

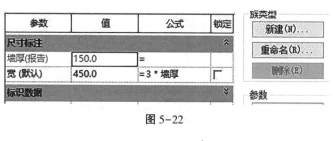

图 5-22

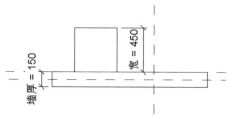

图 5-23

保存族文件并载入到项目中。如图 5-24 所示,在项目中分别添加"100 厚"、"200 厚"、"300 厚"墙、将族依次放到不同厚度墙上。可见族宽度分别为 300、600、900。族宽度随墙厚变化而变化。

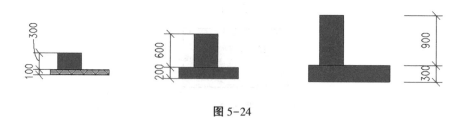

图 5-24

5.3 共享参数

族参数不能出现在明细表和标记中。共享参数可以出现在明细表和标记中,也可以导出 ODBC,被多个项目和族共享。

新建族,保存文件名称为立方体。创建长方体模型,添加族参数"宽"与长方体宽度尺寸关联。在"参数属性"面板的"参数类型"分区选择"共享参数"选项。

如图 5-25 所示,"参数属性"面板的→"参数类型"分区→"选择(L)…"按钮,弹出"共享参数"面板(图 5-26)。

如图 5-26 所示,在"共享参数"面板点击"编辑(E)…"按钮,弹出"编辑共享参数"面板(图 5-27)。

如图 5-27 所示,在"编辑共享参数"面板点击"创建(C)…"按钮,弹出"创建共享参数文件"对话框(图 5-28)。

如图 5-28 所示,在"创建共享参数文件"对话框的"文件名"文本框输入"常规模型参数",点击"保存"按钮,返回到"编辑共享参数"面板。

如图5-27所示,在"编辑共享参数"面板点击"创建(C)..."按钮,弹出"创建共享参数文件"对话框(图5-28)。

如图5-27所示,在"编辑共享参数"面板的"组"分组,点击"新建"按钮,弹出"新参数组"对话框(图5-29),在"名称"文本框中输入"外形尺寸",点击"确定"按钮,返回到"编辑共享参数"面板。

如图5-27所示,在"编辑共享参数"面板的"参数"分组,点击"新建(N)..."按钮,弹出"参数属性"对话框(图5-30),在"名称"文本框中输入"长",点击"确定"按钮,返回到"编辑共享参数"面板(图5-31)。

如图5-32所示,返回"参数属性"面板,点击"确定"按钮返回"族类型"面板(图5-33),并将共享参数"宽"与长方体宽度尺寸关联。

将立方体族载入并放入到项目中,如图5-34所示,单击"视图"选项卡→"创建"面板→"明细表"下拉选项→"明细表/数量"选项,弹出"新建明细表"面板(图5-35)。

如图5-35所示,在"新建明细表"面板的"类别"列表框选择"常规模型"选项,点击"确定"按钮,弹出"明细表属性"面板(图5-36)。

如图5-36所示,在"明细表属性"面板"可用的字段(V):"列表框只有共享参数"长",没有族参数"宽"。将"长"和"族与类型"添加到"明细表字段"列表框,点击"确定"按钮,激活"常规模型明细表2",如图5-37所示。

图5-25

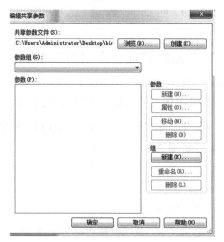

图 5-26

图 5-27

图 5-28

图 5-29

图 5-30

图 5-31

图 5-32

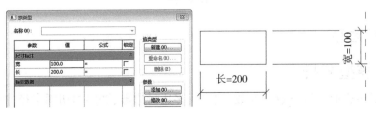

图 5-33

图 5-34

图 5-35

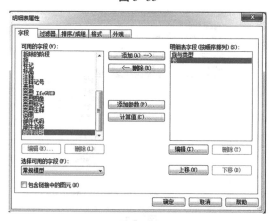

图 5-36

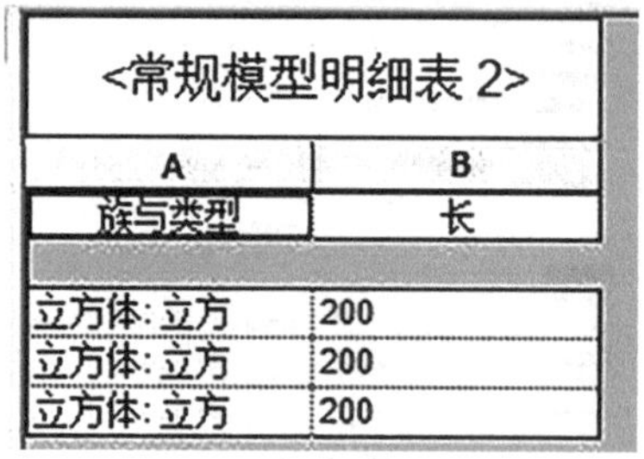

\<常规模型明细表 2\>	
A	B
族与类型	长
立方体: 立方	200
立方体: 立方	200
立方体: 立方	200

图 5-37

5.4 嵌套族

5.4.1 模型分析

创建正多边形。调整数量参数,改变正多边形边数;调整内切圆半径,改变正多边形大小。

5.4.2 创建正多边形边族

如图 5-38 所示,在正多边形边族创建一条模型线,将其对齐到水平轴线上。创建族参数"长",使其与模型线长度尺寸关联。

5.4.3 创建正多边形族

按图 5-38 所示,为正多边形边族创建参数。

将正多边形边族载入到正多边形族中。如图 5-39 所示,将正多边形边族中"边长"参数与正多边形边族的"长"参数关联。

将放置的正多边形边族进行圆形阵列,将阵列数与参数"Ne"关联,内切圆半径与参数"R"关联,完成模型制作,如图 5-40 所示。

图 5-38

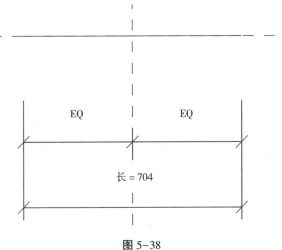

图 5-39

BIM参数化设计

图 5-40

5.5 创建连接件

5.5.1 风管连接

（1）如图 5-41 所示，添加"风道高""风道宽""直径"；在"风道高"的"公式"列输入"宽 -2 mm * 20"；在"风道宽"的"公式"列输入"长 -2 mm * 20"；在"直径"的"公式"列输入"宽／2"。

族类型

名称(N): 100×200×300

参数	值	公式	锁定
尺寸标注			
宽	100.0	=	☐
直径	50.0	=宽 / 2	☐
长	200.0	=	☐
风道宽	160.0	=长 - 2 mm * 20	☐
风道高	60.0	=宽 - 2 mm * 20	☐
高	300.0	=	☐

族类型
新建(N)...
重命名(R)...
删除(E)

参数
添加(D)...
修改(M)...

图 5-41

（2）如图 5-42 所示，进入三维视图，单击"创建"选项卡→"连接件"面板→"风管连接件"选项。

图 5-42

（3）如图 5-43 所示，选择长方体上部，将风管连接件附着在长方体上部。

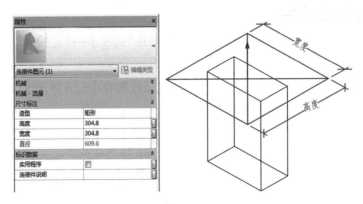

图 5-43

（4）如图 5-43 所示，选择风管连接件，在"属性"面板→"尺寸标注"→"高度"项，点击最右侧"关联族参数"按钮，弹出"关联族参数"面板（图 5-44）。

（5）如图 5-44 所示，在"关联族参数"面板"兼容类型的现有族参数（E）："列表框，选择"风道高"项，点击"确定"按钮。修改后结果见图 5-45。

图 5-44

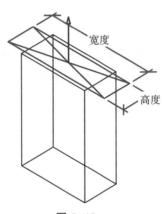

图 5-45

（6）如图 5-46 所示，重复步骤（4）、（5），将接口"宽度"与参数"风道宽"关联。修改后结果见图 5-47。

图 5-46

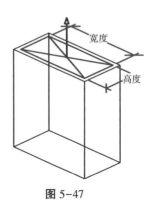

图 5-47

5.5.2　管道连接件

（1）如图 5-47 所示，进入三维视图，单击"创建"选项卡→"连接件"面板→"管道连接件"选项。

（2）如图 5-48 所示，选择长方体，将管道连接件附着在长方体侧部。

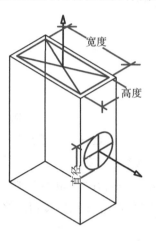

图 5-48

（3）如图 5-48 所示，在"属性"面板修改相应属性，并将"尺寸标注"分区的"直径"属性与"直径"参数关联。

第6章 公式

6.1 函数

公式支持标准的算术运算和三角函数。

公式支持以下运算操作：加、减、乘、除、指数、对数和平方根。公式还支持以下三角函数运算：正弦、余弦、正切、反正弦、反余弦和反正切。

算术运算和三角函数的有效公式缩写为：

6.1.1 算术运算

算术运算包括加、减、乘、除，示例如图6-1所示。

◇加——　＋

◇减——　－

◇乘——　＊

◇除——　／

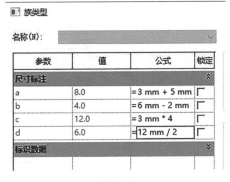

图6-1

6.1.2 函数运算

◇指数—— x^y , x 的 y 次方

◇对数—— log

◇平方根—— sqrt

◇正弦—— sin

◇余弦—— cos

◇正切—— tan

◇反正弦—— asin

◇反余弦—— acos

◇反正切—— atan

◇ e 的 x 次方—— exp（x）

◇绝对值—— abs

◇ pi——π

示例见图 6-2、图 6-3。

参数	值	公式	锁定
其他			
a	16.000000	=2 ^ 4	
b	3.000000	=log(1000)	
c	6.000000	=sqrt(36)	
d	0.500000	=sin(30°)	
e	0.500000	=cos(60°)	
f	1.000000	=tan(45°)	

图 6-2

参数	值	公式	锁定
尺寸标注			
a	30.000°	=asin(0.5)	
b	60.000°	=acos(0.5)	
c	45.000°	=atan(1)	
其他			
d	2.718282	=exp(1)	
f	3.141593	=pi()	

图 6-3

6.1.3 舍入函数

舍入函数使用见表 6-1。

表 6-1

函数的语法	说明	示例
round(X)	四舍五入	round(3.1)=3 round(3.5)=4 round(-3.7)=-4
roundup(x)	向上舍入函数将值返回大于或等于 x 的最小整数值	roundup(3)=3 roundup(3.1)=4 roundup(-3.7)=-3

续表

函数的语法	说明	示例
rounddown(x)	向下舍入函数将值返回小于或等于 x 的最大整数值	rounddown(3)=3 rounddown(3.7)=3 rounddown(-3.7)=-4

6.2 条件语句

6.2.1 条件语句的语法

条件语句使用以下结构：if (<条件>，<条件为真时的结果>，<条件为假时的结果>)。

如果条件为真,则软件会返回条件为真时的值;如果条件为假,则软件会返回条件为假时的值。

条件语句可以包含数值、数字参数名和 Yes/No 参数。在条件中可使用下列比较符号:<、>、=。还可以在条件语句中使用布尔运算符:and、or、not。当前不支持 <= 和 >=,要表达这种比较符号,可以使用逻辑值 not。例如,a<=b 可输入为 not(a>b)。

6.2.2 公式示例

简单的 if 语句：=if(Length<3000 mm,200 mm,300 mm),见图 6-4。

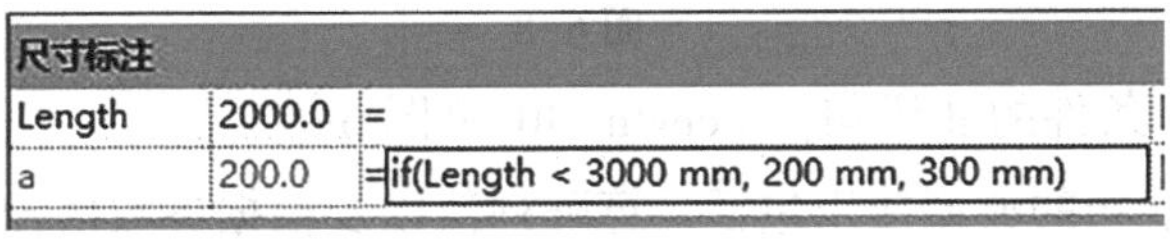

尺寸标注		
Length	2000.0	=
a	200.0	=if(Length < 3000 mm, 200 mm, 300 mm)

图 6-4

带有文字参数的 if 语句：=if(Length>35, string1, string2),见图 6-5。

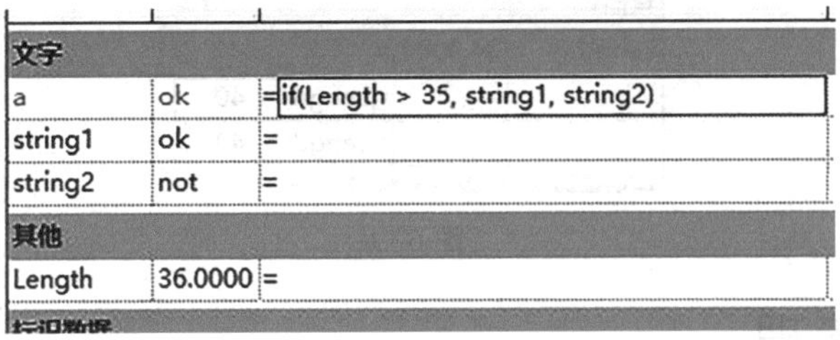

文字		
a	ok	=if(Length > 35, string1, string2)
string1	ok	=
string2	not	=
其他		
Length	36.0000	=

图 6-5

带有逻辑值 and 的 if 语句：=if(and(x=1,y=2),8,3),见图 6-6。

参数	值	公式
其他		
a	8.00000	=if(and(x = 1, y = 2), 8, 3)
x	1.00000	=
y	2.00000	=

图 6-6

带有逻辑值 or 的 if 语句：=if(or(x=1,y=2),8,3)，见图 6-7。

参数	值	公式
其他		
a	3.00000	=if(or(x = 1, y = 2), 8, 3)
x	30.0000	=
y	40.0000	=

图 6-7

嵌套的 if 语句：=if(Length<35,1,if(Length<45,2,if(Length<55,3,4)))，见图 6-8。

参数	值	公式
其他		
Length	56.0000	=
a	4.00000	=if(Length < 35, 1, if(Length < 45, 2, if(Length < 55, 3, 4)))

图 6-8

带有 Yes/No 条件的 if 语句：=Length>40，见图 6-9。

公式中条件语句的典型使用包括计算阵列值以及根据参数值控制图元的可见性。

参数	值	公式
其他		
Length	34.0000	=
a	☑	=Length < 40
b	☐	=Length > 40

图 6-9

6.3 表格管理

6.3.1 CSV 文件

(1)CSV 文件格式

CSV 文件以纯文本格式存储表格数据。

图 6-10、图 6-11 分别为使用记事本和电子表格打开的 CSV 文件。由图 6-10、图 6-11 可知，CSV 文件第一列第一行无内容，第一列的内容对应族类型。“查找功能”会忽视第一列，从第二列开始严格按照列顺序查询值。

图 6-10

A	B	C	D
	hb##Length##millimeters	h##Length##millimeters	b##Length##millimeters
5	5	50	37
6.3	6.3	63	40
6.5	6.5	65	40
8	8	80	43

图 6-11

CSV 文件第一行的值是标题信息,用于介绍后面列的内容。

标题格式为 ParameterName##ParameterType##ParameterUnits。

ParameterName:列的名称。

ParameterType:列数据类型。

ParameterUnits:列数据单位。

表 6-2 列出常用的数据类型和数据单位。

表 6-2

数据类型	数据单位	示例
LENGTH （长）	MILLIMETERS （毫米）	长##LENGTH##MILLIMETERS
AREA （面积）	SQUARE_METERS （平方米）	面积##AREA##SQUARE_METERS
VOLUME （体积）	CUBIC_METERS （立方米）	体积##VOLUME##CUBIC_METERS
ANGLE （角度）	DEGREES （度）	角度##ANGLE##DEGREES
TIMEINTERVAL （时间）	SECONDS （秒）	时间##TIMEINTERVAL##SECONDS
OTHER （文字、数值、整数、布尔值）	无	文字##OTHER##数值##OTHER## 整数##OTHER##布尔值##OTHER##
HVAC_AIR_FLOW （流量）	LITERS_PER_SECOND （L/s）	流量##HVAC_AIR_FLOW##LITERS_ PER_SECOND

续表

数据类型	数据单位	示例
HVAC_PRESSURE （压力）	PASCALS （Pa）	P##HVAC_PRESSURE##PASCALS
ENERGY （能量）	KILOJOULES （kJ）	能量##ENERGY##KILOJOULES
PIPING_VELOCITY （速度）	METERS_PER_SECOND （m/s）	U##PIPING_VELOCITY##METERS_ PER_SECOND
HVAC_TEMPERATURE （温度）	CELSIUS （摄氏度）	T##HVAC_TEMPERATURE##CELSIUS
HVAC_HEATING_LOAD （功率）	WATTS （瓦）	Q##HVAC_HEATING_LOAD##WATTS
HVAC_DENSITY （密度）	KILOGRAMS_PER_ CUBIC_METER(kg/m³)	密度##HVAC_DENSITY##KILO- GRAMS_PER_CUBIC_METER

（2）导出族类型

如图6-12和图6-13所示，创建2个族类型和6个族参数。如图6-14所示，单击 Revit 左上角的应用程序菜单▲→"导出"→"族类型"，弹出"导出为"对话框（图6-15）。

如图6-15所示，在"导出为"对话框的"文件名"文本框输入"族参数"，点击"保存"按钮。

如图6-16和图6-17所示，在用电子表格打开导出的族类型文件时，要选择"分隔符号"选项，并且在"分隔符号"分区选择"逗号"选项。

如图6-18和图6-19所示，分别使用电子表格和记事本打开导出的族类型文件。初学者可以将导出的族类型文件作为样板编写。

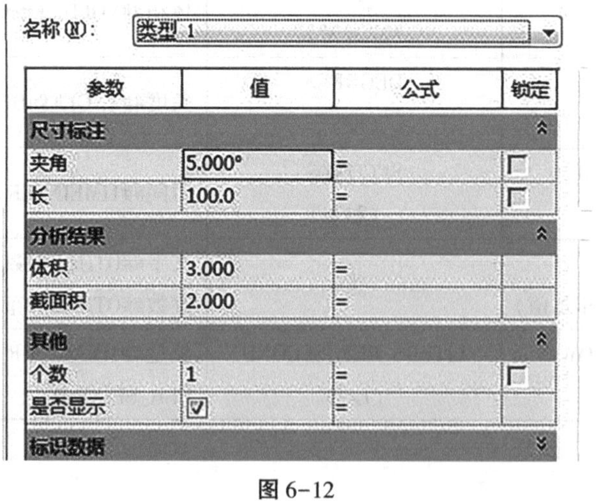

图6-12

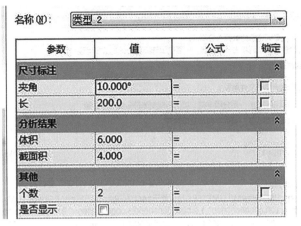

图 6-13

图 6-14

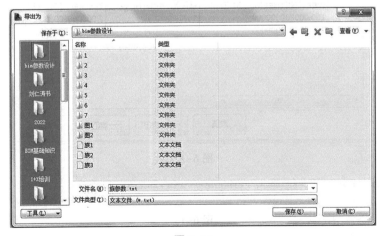

图 6-15

图 6-16

图 6-17

图 6-18

```
,长##LENGTH##MILLIMETERS,是否显示##OTHER##,截面积##AREA##SQUARE_METERS,夹角
##ANGLE##DEGREES,体积##VOLUME##CUBIC_METERS,个数##OTHER##
类型 1,100.000000000000,1,2.000000000000,5.000000000000,3.000000000000,1
类型 2,200.000000000000,0,4.000000000000,10.000000000000,6.000000000000,2
```

图 6-19

(3)创建 CSV 文件

如图 6-20 所示,在电子表格创建 CSV 文件内容。如图 6-21 所示,在“文件类型”下拉列表框,选择“CSV”选项,保存文件名为“槽钢. CSV”。

图 6-22 为用“记事本”软件打开的“槽钢. CSV”文件。

	A	B	C	D
1		hb##Length##millimeters	h##Length##millimeter	b##Length##millimeters
2	5	5	50	37
3	6.3	6.3	63	40
4	6.5	6.5	65	40
5	8	8	80	43
6	10	10	100	48
7	12	12	120	53
8	12.6	12.6	126	53

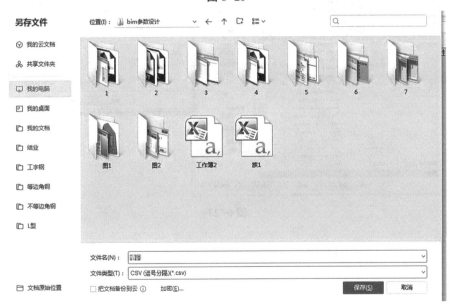

图 6-20

图 6-21

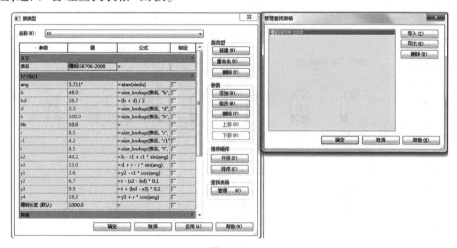

```
,hb##Length##millimeters, h##Length##millimeters, b##Length##millimeters, d##Length##millimeters, t##L
##MASS_PER_UNIT_LENGTH##KILOGRAMS_MASS_PER_METER, 截面积##SECTION_AREA##SQUARE_CENTIMETERS, 惯性矩x##
y##MOMENT_OF_INERTIA##CENTIMETERS_TO_THE_FOURTH_POWER, 惯性矩z##MOMENT_OF_INERTIA##CENTIMETERS_TO_T
y##SECTION_MODULUS##CUBIC_CENTIMETERS, 重心距##DISPLACEMENT/DEFLECTION##CENTIMETERS, 惯性半径x##DISPL
5, 5, 50, 37, 4.5, 7, 7, 3.5, 5.438, 6.928, 26, 8.3, 20.9, 10.4, 3.55, 1.35, 1.94, 1.1
6.3, 6.3, 63, 40, 4.8, 7.5, 7.5, 3.8, 6.634, 8.451, 50.8, 11.9, 28.4, 16.1, 4.5, 1.36, 2.45, 1.19
6.5, 6.5, 65, 40, 4.3, 7.5, 7.5, 3.8, 6.709, 8.547, 55.2, 11.9, 28.4, 17, 4.59, 1.38, 2.54, 1.19
8, 8, 80, 43, 5, 8, 8, 4, 8.045, 10.248, 101, 16.6, 37.4, 25.3, 5, 1.43, 3.15, 1.27
10, 10, 100, 48, 5.3, 8.5, 8.5, 4.2, 10.007, 12.748, 198, 26.6, 54.9, 39.7, 7.8, 1.52, 3.95, 1.41
12, 12, 120, 53, 5.5, 9, 9, 4.5, 12.059, 15.362, 346, 37.4, 77.7, 57.7, 10.2, 1.62, 4.75, 1.56
12.6, 12.6, 126, 53, 5.5, 9, 9, 4.5, 12.318, 15.692, 391, 38, 77.1, 62.1, 10.2, 1.59, 4.95, 1.57
14a, 141, 140, 58, 6, 9.5, 9.5, 4.8, 14.535, 18.516, 564, 53.2, 107, 80.5, 13, 1.71, 5.52, 1.7
14b, 142, 140, 60, 8, 9.5, 9.5, 4.8, 16.733, 21.316, 609, 61.1, 121, 87.1, 14.1, 1.67, 5.35, 1.69
16a, 161, 160, 63, 6.5, 10, 10, 5, 17.24, 21.962, 866, 73.3, 144, 108, 16.3, 1.8, 5.28, 1.83
16b, 162, 160, 65, 8.5, 10, 10, 5, 19.752, 25.162, 935, 83.4, 161, 117, 17.6, 1.75, 6.1, 1.82
18a, 181, 180, 68, 7, 10.5, 10.5, 5.2, 20.174, 25.699, 1270, 98.6, 190, 141, 20.1, 1.88, 7.04, 1.96
18b, 182, 180, 70, 9, 10.5, 10.5, 5.2, 23, 29.299, 1370, 111, 210, 152, 21.5, 1.84, 6.84, 1.95
20a, 201, 200, 73, 7, 11, 11, 5.5, 22.637, 28.837, 1780, 128, 244, 178, 24.2, 2.01, 7.86, 2.11
20b, 202, 200, 75, 9, 11, 11, 5.5, 25.777, 32.837, 1910, 144, 268, 191, 25.9, 1.95, 7.64, 2.09
```

图 6-22

6.3.2 导入表格

如图 6-23 所示,点击"族类型"面板→"查找表格"→"管理"按钮,弹出"管理查找表格"面板。在"管理查找表格"面板,点击"导入"按钮,弹出"选择文件"对话框(图 6-24)。如图 6-24 所示,"选择文件"对话框,选择"槽钢.CSV"文件,点击"打开"按钮,返回"管理查找表格"面板。

图 6-23

图 6-24

6.3.3 size_lookup 函数

Revit 提供了 size_lookup 函数,可以从外部 CSV 文件读取必要的值。

size_lookup 函数的语法格式如下:

$$result = size\_lookup(LookupTableName, LookupColumn, DefaultIfNotFound,$$
$$LookupValue1, LookupValue2, \ldots, LookupValueN)$$

表 6-3

类型	作用
LookupTableName	要查找的 CSV 文件的名称
LookupColumn	将从中返回结果值的列的名称
DefaultIfNotFound	在找不到 LookupValue 的情况下返回的值
LookupValue(1-N)	要在表格第一、第二列以及后续列中查找的值 (当查找值时,将跳过第一列)

如图 6-25 所示,在参数"h"的"公式"栏输入"size_lookup(表名, "h", 8.5 mm, hb)",在"槽钢.CSV"文件查找到"h"值为 100.0。

参数	值	公式
文字		
表名	槽钢GB706-2008	=
尺寸标注		
ang	5.711°	=atan(xiedu)
hb	10.0	=
h	100.0	=size_lookup(表名, "h", 8.5 mm, hb)

图 6-25

6.3.4 自动加载族类型文件

打开"槽钢.CSV",删除"hb"列,另存文件为"槽钢.txt"。将"槽钢.txt"与"槽钢.rfa"保存在同一目录下。如图6-26所示,打开"槽钢.rfa"族文件,自动加载族类型。

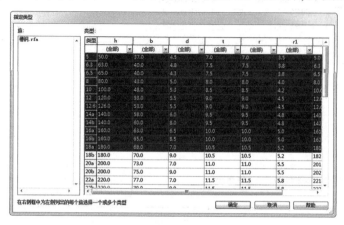

图6-26

6.4 槽钢族

6.4.1 族功能介绍

槽钢是设备专业经常用的型钢材料,详细参数见资源文件GB706-2008.pdf。槽钢族不仅建立了槽钢的形状模型,而且在族中附着了槽钢的各项参数,如质量、截面积、惯性矩等(图6-27)。载入项目效果见图6-28和图6-29。

图6-27

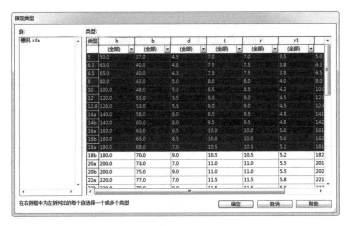

图 6-28

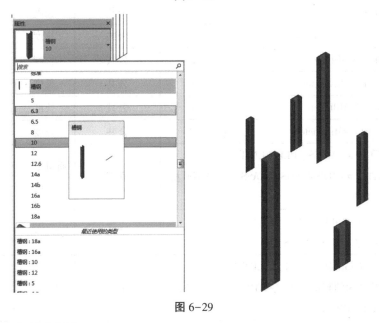

图 6-29

6.4.2 建族思路

(1)建立槽钢截面各点的函数关系(图 6-30)。

$X2 = b - r1 + r1 * \sin(Ang)$

$Y2 = t - (X2 - bd) * 0.1$

$X1 = b$

$Y1 = Y2 - r1 * \cos(Ang)$

$X3 = d + r - r * \sin(Ang)$

$Y3 = t + (bd - X3) * 0.1$

$X4 = d; Y4 = Y3 + r * \cos(Ang)$

其中, $Ang = \operatorname{atan}(0.1) = 5.711bd =$

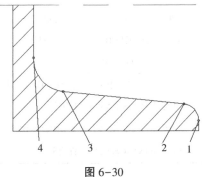

图 6-30

（b+d）/2。

（2）根据 GB/T 706—2008 的表 A. 2 建立槽钢族数据的 CSV 文件。列头名称如下：

第一列列头名称空缺，内容为槽钢型号，如 5、12. 6、16a 等，列头名称见表 6-4 和表 6-5。

表 6-4 CSV 文件列头名称说明

序号	列头名称	内容	规程	参数类型	单位
1	hb##Length##Millimeters	hb 关键字	公共	长度	mm
2	h##Length##Millimeters	h	公共	长度	mm
3	b##Length##Millimeters	b	公共	长度	mm
4	d##Length##Millimeters	d	公共	长度	mm
5	t##Length##Millimeters	t	公共	长度	mm
6	r##Length##Millimeters	r	公共	长度	mm
7	r1##Length##Millimeters	r1	公共	长度	mm
8	槽钢质量##MASS_PER_UNIT_LENGTH##KILOGRAMS_MASS_PER_METER	槽钢质量	管道	质量单位长度	kg/m
9	截面积##SECTION_AREA##SQUARE_CENTIMETERS	截面积	结构	截面积	cm^2
10	惯性矩 x##MOMENT_OF_INERTIA##CENTIMETERS_TO_THE_FOURTH_POWER	惯性矩 x	结构	惯性矩	cm^4
11	惯性矩 y##MOMENT_OF_INERTIA##CENTIMETERS_TO_THE_FOURTH_POWER	惯性矩 y	结构	惯性矩	cm^4
12	惯性矩 z##MOMENT_OF_INERTIA##CENTIMETERS_TO_THE_FOURTH_POWER	惯性矩 z	结构	惯性矩	cm^4
13	惯性半径 x##DISPLACEMENT/DEFLECTION##CENTIMETERS	惯性半径 x	结构	截面尺寸	cm
14	惯性半径##DISPLACEMENT/DEFLECTION##CENTIMETERS	惯性半径 y	结构	截面尺寸	cm

续表

序号	列头名称	内容	规程	参数类型	单位
15	截面模数 x##MOMENT_OF_INER-TIA##CENTIMETERS_TO_THE_FOURTH_POWER	截面模数 x	结构	截面模量	cm³
16	截面模数 y##MOMENT_OF_INER-TIA##CENTIMETERS_TO_THE_FOURTH_POWER	截面模数 y	结构	截面模量	cm³
17	重心距##DISPLACEMENT/DE-FLECTION##CENTIMETERS	重心距	结构	截面尺寸	cm

（3）在"槽钢.rfa"文件的相同目录下建立"槽钢.txt"文件，列头名称如下：

第一列列头名称空缺，内容为槽钢型号，如 5、12.6、16a 等。

表 6-5 TXT 文件列头名称说明

序号	列头名称	内容	规程	参数类型	单位
1	h##Length##millimeters	h	公共	长度	mm
2	b##Length##millimeters	b	公共	长度	mm
3	d##Length##millimeters	d	公共	长度	mm
4	t##Length##millimeters	t	公共	长度	mm
5	r##Length##millimeters	r	公共	长度	mm
6	r1##Length##millimeters	r1	公共	长度	mm
7	hb##Length##millimeters	hb 关键字	公共	长度	mm

（4）添加族参数。

（5）绘制参照面，标注参照面尺寸，并将族参数与标注尺寸关联，如图 6-31 和图 6-32 所示。

（6）采用拉伸方法完成槽钢模型绘制。

参数	值	公式
文字		
表名	槽钢GB706-2008	=
尺寸标注		
AngQie (默认)	45.000°	=
QieH	31.3	=
QieShen (默认)	-120.0	=if(切, -1 * h, 10 mm)
ang	5.711°	= atan(xiedu)
b	53.0	= size_lookup(表名, "b", 8.5 mm, hb)
bd	29.3	= (b + d) / 2
d	5.5	= size_lookup(表名, "d", 8.5 mm, hb)
h	120.0	= size_lookup(表名, "h", 8.5 mm, hb)
hb	12.0	=
r	9.0	= size_lookup(表名, "r", 8.5 mm, hb)
r1	4.5	= size_lookup(表名, "r1", 8.5 mm, hb)
t	9.0	= size_lookup(表名, "t", 8.5 mm, hb)
x2	48.9	= b - r1 + r1 * sin(ang)
x3	13.6	= d + r - r * sin(ang)
y1	2.6	= y2 - r1 * cos(ang)
y2	7.0	= t - (x2 - bd) * 0.1
y3	10.6	= t + (bd - x3) * 0.1
y4	19.5	= y3 + r * cos(ang)

图 6-31

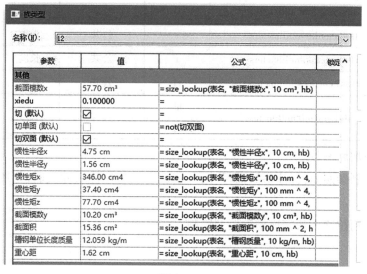

参数	值	公式	锁定
其他			
截面模数x	57.70 cm³	= size_lookup(表名, "截面模数x", 10 cm³, hb)	
xiedu	0.100000	=	
切 (默认)	☑	=	
切单面 (默认)	☐	= not(切双面)	
切双面 (默认)	☑	=	
惯性半径x	4.75 cm	= size_lookup(表名, "惯性半径x", 10 cm, hb)	
惯性半径y	1.56 cm	= size_lookup(表名, "惯性半径y", 10 cm, hb)	
惯性矩x	346.00 cm4	= size_lookup(表名, "惯性矩x", 100 mm ^ 4,	
惯性矩y	37.40 cm4	= size_lookup(表名, "惯性矩y", 100 mm ^ 4,	
惯性矩z	77.70 cm4	= size_lookup(表名, "惯性矩z", 100 mm ^ 4,	
截面模数y	10.20 cm³	= size_lookup(表名, "截面模数y", 10 cm³, hb)	
截面积	15.36 cm²	= size_lookup(表名, "截面积", 100 mm ^ 2, h	
槽钢单位长度质量	12.059 kg/m	= size_lookup(表名, "槽钢质量", 10 kg/m, hb)	
重心距	1.62 cm	= size_lookup(表名, "重心距", 10 cm, hb)	

图 6-32

第7章　体量与自适应族

7.1　自适应族初步认识

创建能灵活适应许多独特概念条件的构件。

自适应构件是基于填充图案的幕墙嵌板的自我适应。例如,自适应构件可以用在通过布置多个符合用户定义限制条件的构件而生成的重复系统中。

可通过修改参照点来创建自适应点。通过捕捉这些灵活点而绘制的几何图形将产生自适应构件。自适应构件只能用于填充图案嵌板族、自适应族、概念体量环境和项目。

7.1.1　创建自适应点

以"自适应公制常规模型"样板建立族。如图7-1所示,绘制两个点,并选中这两个点,激活"修改丨参照点"选项卡。

如图7-2所示,单击"修改丨参照点"选项卡→"自适应构件"面板→"使自适应"选项,将选中两点变成自适应点(图7-3)。

如图7-4所示,使用模型线连接两个自适应点,注意选择自适应点时,要勾选状态栏的"三维捕捉"选项。保存族名称为"自适应点1"。

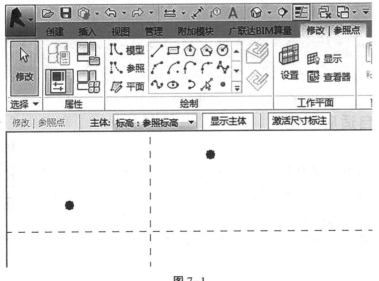

图7-1

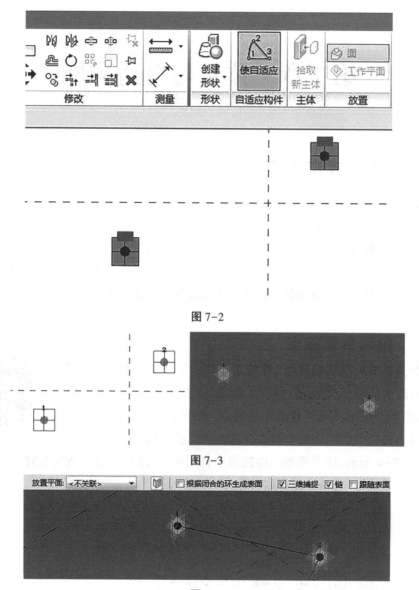

图 7-2

图 7-3

图 7-4

7.1.2 自适应族使用

(1)例一

如图 7-5 所示,在体量"标高 1"与"标高 2"楼层平面视图上绘制放样曲线。载入"自适应点"族,如图 7-6 所示,点击"创建"选项卡→"模型"面板→"构件"选项,将"自适应点"族两个自适应点分别放置到两条样条曲线上(图 7-7)。拉动"自适应点"族,"自适应点"族两端始终在放样曲线上。

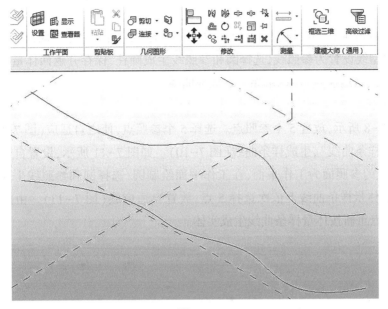

图 7-5

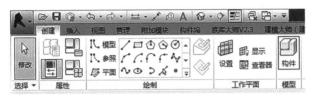

图 7-6

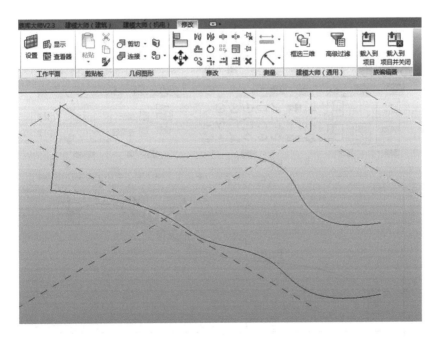

图 7-7

（2）例二

编辑"自适应点"族，设置自适应点垂直直线的参照面为工作平面，在工作平面绘制圆，将模型线设置为参照线，选择圆和参照线生成圆柱，保存并返回体量。拉动"自适应点"族，"自适应点"族两端始终在放样曲线上。

（3）例三

如图7-8所示，放置5个参照点。选择5个参照点，使之自适应（图7-9）。使用"通过点的样条曲线"，生成样条曲线（图7-10）。如图7-11所示，设置自适应点"1"垂直参照线的参照面为工作平面，在工作平面绘制圆，选择圆和参照线生成实体（图7-12）。在体量样条曲线上依次选择5点，放置自适应族（图7-13）。由图7-13可知，自适应点重新按体量样条曲线生成实体。

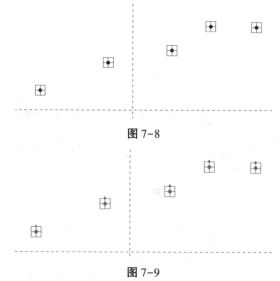

图7-8

图7-9

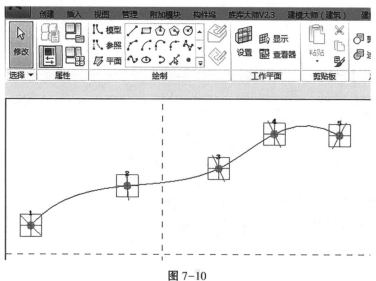

图7-10

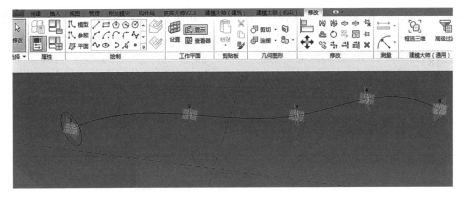

图 7-11

图 7-12

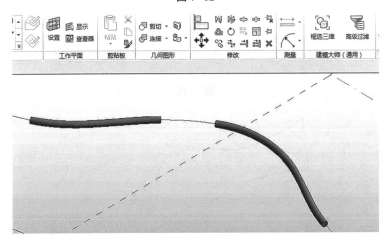

图 7-13

（4）例四

在 7.1.1 中，绘制两个自适应点间的模型线时，勾选掉"三维捕捉"项，绘制模型线，保存并返回体量。例如，拉动"自适应点"族，"自适应点"族两端始终不在放样曲线上。

7.1.3 自适应族在体量模型中的阵列布置

（1）例一

在 7.1.2 的体量族中选择样条曲线，激活"修改 | 线"选项卡。如图 7-14 所示，单击"修改 | 线"选项卡→"分割"面板→"分割路径"选项，将样条曲线均匀分割（图 7-15）。

如图 7-16 所示，将自适应族的自适应点分别放置在两条放样曲线的分割点上。

选择自适应族,激活"修改 | 常规模型"选项卡。如图 7-17 所示,单击"修改 | 常规模型"选项卡→"修改"面板→"重复"选项,将自适应族依次放置在样条曲线分割点上(图 7-18)。

图 7-14

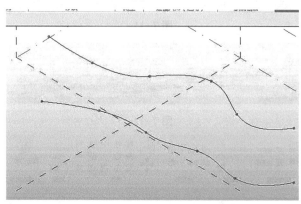

图 7-15

图 7-16

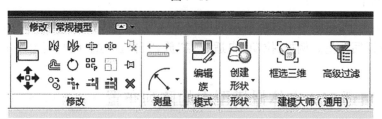

图 7-17

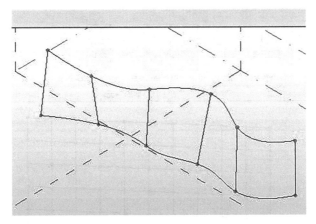

图 7-18

（2）例二

①制作如图 7-19 所示的自适应族模型。

②在体量中创建分割表面（图 7-20）。

③载入自适应族模型，按自适应点顺序放置自适应族模型（图 7-21）。

④单击"修改｜常规模型"选项卡→"修改"面板→"重复"选项，将自适应族充满分割表面，如图 7-22 所示。

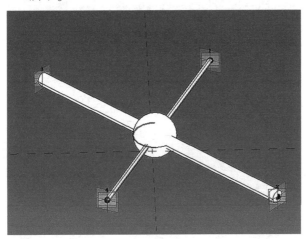

图 7-19

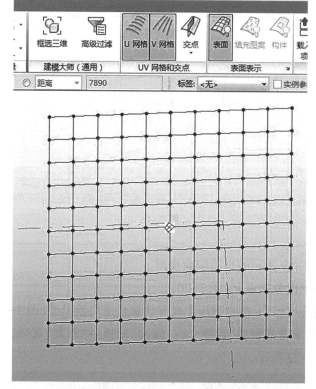

图 7-20

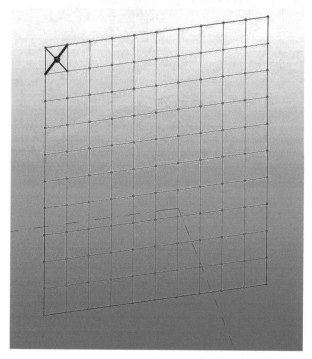

图 7-21

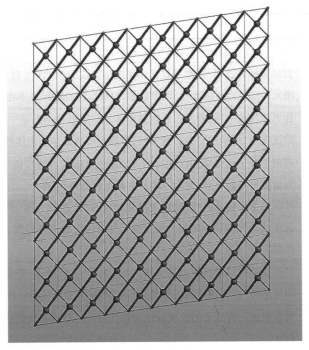

图 7-22

7.2 自适应族中的点图元

7.2.1 点的属性

在自适应族中,点的属性根据参照点的类型(自由指定点、驱动点、主体点或自适应点)而有所不同。表7-1包含所有可能的属性。

表 7-1

名称	说明
限制条件	
工作平面	作为主体点的平面(仅限驱动点)
图形	
显示参照平面	指定点的参照面在什么时候可见:"始终"、"选中时"或"从不"
可见性/图形替换	单击"编辑"可显示参照点的"可见性/图形替换"对话框。请参见项目视图中的可见性和图形显示
仅显示标准参照面	对于基于主体的参照点和驱动点,指定是否只显示垂直于主体几何图形的参照面
可见	如果选择此选项,在体量载入项目后参照点将可见。请注意,如果要在项目中查看参照点,则不要通过"类别"或"可见性/图形替换"设置隐藏参照点

续表

名称	说明
尺寸标注	
控制曲线	如果选择该选项,则参照点是一条或多条线的驱动点。移动该点可修改几何图元。如果清除该选项,该参数变为只读,并且参照点不再是驱动点
由主体控制	如果选择该选项,参照点是随其主体几何图形移动的基于主体的点;如果清除该选项,该参数变为只读,并且参照点不再是基于主体的点
测量类型	可用于基于线条和形状的边的点。基于主体的自适应构件放置点继承这些测量类型参数,它们显示在项目和概念体量环境中 可以是非规格化曲线参数、规格化曲线参数、线段长度、规格化线段长度、弦长度或角度,具体取决于线类型。为所选定的主体参照点的位置指定测量类型
非规格化曲线参数	沿圆或椭圆标记参照点的位置, 也称为原始、自然、内部或 T 参数 如果选择"非规格化曲线参数"作为"测量类型",将显示此参数
规格化曲线参数	将参照点在直线上的位置标记为直线长度与总线长度的比,其值范围可从 0 到 1 如果选择"规格化曲线参数"作为"测量类型",将显示此参数
线段长度	根据参照点与测量起始点和终点之间的线段长度来标记参照点在直线上的位置;"线段长度"由项目单位表示 如果选择"线段长度"作为"测量类型",将显示此参数
规格化线段长度	将参照点在直线上的位置标记为"线段长度"与总曲线长度的比(0 到 1);例如,如果总曲线长度为 170′,而点距离一个端点的距离为 17′,则对应该曲线长度的比例值应为 0.1 或 0.9,具体取决于是从哪一端进行测量 如果选择"规格化线段长度"作为"测量类型",将显示此参数
弦长度	根据参照点与测量起始点和终点之间的直线(弦)距离来标记参照点在曲线上的位置;"弦长度"由项目单位表示 注:在 Bezier 样条曲线和圆中,如果在"属性"选项板中切换"测量"参数,或在绘图区域中使用翻转测量自末端箭头进行切换,则参照点的位置可能会移动 如果选择"弦长度"作为"测量类型",将显示此参数
角度	可用于基于圆弧和圆上的点 沿显示为角度的圆弧或圆来标记参照点的位置 如果选择"角度"作为"测量类型",将显示此参数。它不适用于椭圆或半椭圆

续表

名称	说明
测量自	可用于基于线条和形状的边的点 "起点"或"终点";指定曲线终点,所选定参照点位置从该终点处开始测量; 或者可使用绘制区域中临近参照点的翻转控制指定终点 可用于基于表面的点
主体 U 参数	参照点沿 U 网格的位置;该参数是以项目单位表示的距表面中心的距离;只 适用于以表面为主体的参照点 可用于基于表面的点
主体 V 参数	参照点沿 V 网格的位置;该参数是以项目单位表示的表面的距离;只适用于 以表面为主体的参照点
偏移	距参照点参照面的偏移距离;只适用于驱动参照点和自由参照点
自适应构件	
点	"参照点""放置点(自适应)""造型操纵柄点(自适应)";指定参照点类型; "放置点(自适应)"可在三维环境中自由移动
编号	指定编号,用以确定按填充图案划分的幕墙嵌板或自适应构件的点放置顺序
显示放置编号	"从不""选中时""始终";指定是否以及何时将自适应点编号作为注释显示
方向	实例(xyz)、先实例(z)后主体(xy)、主体(xyz)、主体和回路系统(xyz)、全局 (xyz)或先全局(z)后主体(xy);指定自适应点的垂直和平面方向
受约束	"无""中心(左/右)""中心(前/后)""参照标高";指定自适应造型操纵柄点 的受约束范围

7.2.2 自适应点属性

自适应点可用于放置构件或用作造型操纵柄。如果将自适应点用于放置构件,它们将按载入构件时的放置顺序进行编号。

在常规自适应族中,通过修改参照点来创建自适应点。将参照点设为自适应点后,默认情况下它会是一个放置点。使用这些自适应点所绘制的几何图形将生成自适应构件。

(1)"点"属性

如图 7-23 所示,自适应点的"点"属性有三个选项:参照点、放置点(自适应)、造型操纵柄点(自适应)。

图 7-23

选择"参照点"选项,点不再具有自适应点功能。

选择"放置点(自适应)"选项,点具有自适应点功能。

选择"造型操纵柄点(自适应)"选项,将族载入并放置在体量中,可单独拉动自适应点移动,改变族的形状。

(2)"定向到"属性

指定自适应点的垂直和平面方向。

当将自适应构件族放置在其他构件上或在项目环境中时,方向会对其产生影响。

在"自适应构件"部分的"属性"选项板上,将方向指定至参数。指定基于 z 轴和 xy 轴的可用设置。

全局:放置自适应族实例(族或项目)的环境的坐标系。

主体:放置实例自适应点的图元的坐标系(无须将自适应点作为主体)。

实例:自适应族实例的坐标系。

①全局

全局指的是族或者项目的环境坐标系。如图 7-24 所示,这里创建了一个自适应族,通过 3 个自适应点控制,其中 3 条模型线分别表示 x、y、z 轴,3 个自适应点的"定向到"属性均设置为全局。

图 7-24

当自适应族的"定向到"属性修改为全局时，将它载入到体量族中放置，如图 7-25 所示。此时我们会发现，自适应点的 xyz 轴与体量族系统默认的 xyz 轴一致，而不会贴合体量表面的切线方向或者法线方向。

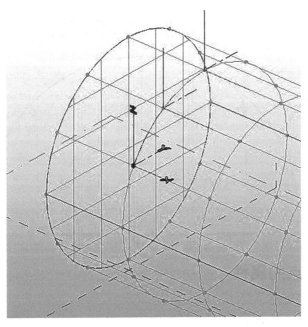

图 7-25

②主体

主体是指用于自适应点放置的体量表面上的点,以及该点的坐标系。如图7-26所示,当自适应族的"定向到"属性修改为主体时,自适应点的 xy 平面刚好与体量表面相切于放置点处,此时自适应点的 xyz 轴与该放置点的坐标轴一致。

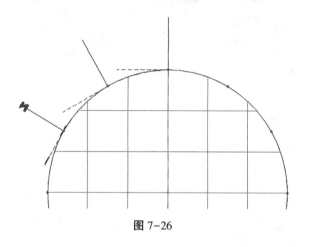

图 7-26

③实例

实例指的就是自适应点本身。如图7-27所示,当自适应族的"定向到"属性修改为实例时,自适应点的坐标不会贴合体量环境的坐标系,也不会贴合放置点处的坐标系,而是保持自适应点自身的 xyz 轴方向不变。

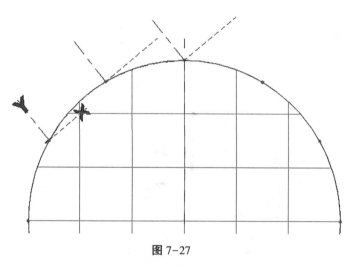

图 7-27

7.2.3　参照点的属性

(1)"偏移量"属性

①示例一

将水平面设为工作平面。为自适应点1添加参照点,激活"偏移量"属性(图7-

28)。将"偏移量"属性改为"1000.0",参照点与水平面距离变为100,如图7-29所示。因此可以通过更改"偏移量"属性,驱动参照点与自适应点的距离。

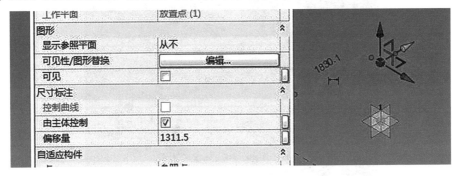

图7-28

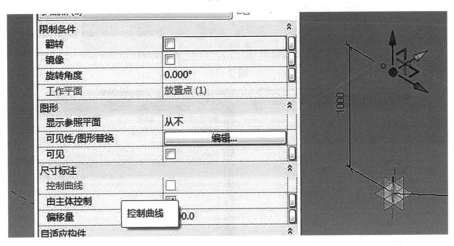

图7-29

②示例二

在"参照标高"平面布置4个自适应点(图7-30),按示例一添加参照点(图7-31)。将4个参照点的"偏移量"属性改为参数a="1000.0",如图7-32所示。拉动其中一个参照点,其余3个参照点也同时移动。

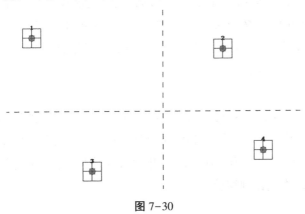

图7-30

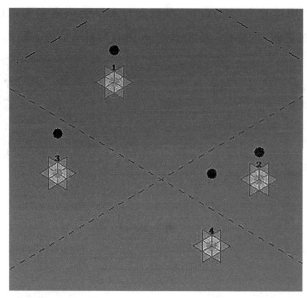

图 7-31

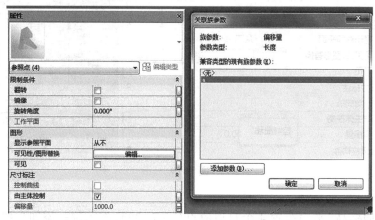

图 7-32

(2)"测量类型"属性

"测量类型"属性包括:非规格化曲线参数、规格化曲线参数、线段长度、规格化线段长度、弦长度或角度,具体取决于线类型。为所选定的主体参照点的位置指定测量类型,其中规格化曲线参数、线段长度用于直线;非规格化曲线参数、规格化线段长度、弦长度或角度用于圆或椭圆。

①示例一

创建参数"d"和"d1",参数类型设置为"数值",为创建参数"d1"添加公式"0.5 * d"(图 7-33)。如图 7-34 所示,绘制两条直线,在两条直线上分别布置 2 个点,将点的"偏移量"属性与参数"d"和"d1"关联,并用直线连接各点,拉动其中一点,则其余点和连接点的直线均成比例移动。

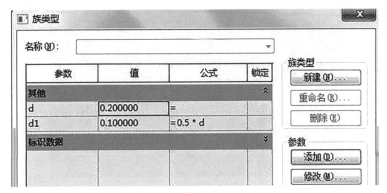

图 7-33

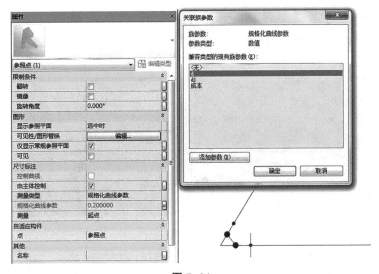

图 7-34

②示例二

接示例一的操作,在"参照标高"平面创建参照点,并为其在上部创建参照点,偏移量为 5000.0,先连接 2 个参照点(图 7-35)。

如图 7-36 所示,选中在"参照标高"平面创建的参照点,单击"修改｜参照点"选项卡→"主体"面板→"拾取新主体"选项,选交叉线中的一条,将在"参照标高"平面创建的参照点移到直线上(图 7-37)。

如图 7-37 所示,选中在"参照标高"平面创建的参照点,单击"修改｜参照点"选项卡→"点以交点为主体"选项,将在"参照标高"平面创建的参照点移到所选交叉线的交点上(图 7-38)。

如图 7-39 所示,创建三角形面,按示例一所述方法,拉动参照点,图形按比例移动。特别需要指出的是,本例创建的参照点始终处于交叉线的交点。

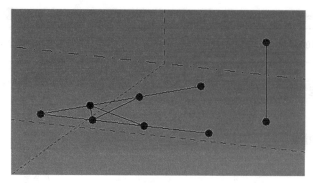

图 7-35

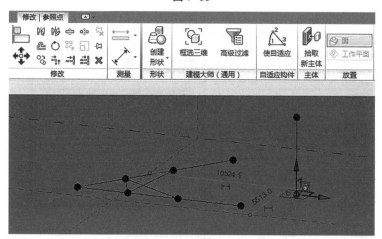

图 7-36

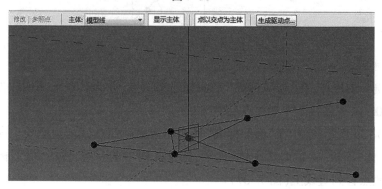

图 7-37

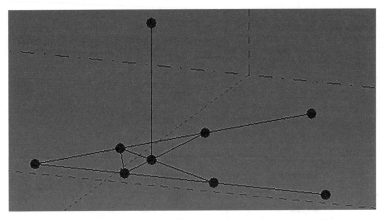

图 7-38

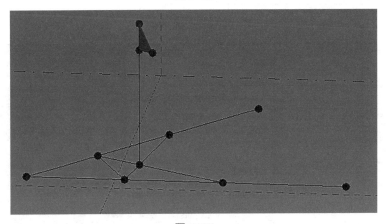

图 7-39

7.3 自适应族应用

7.3.1 矩形无缝曲面幕墙嵌板

（1）制作矩形无缝嵌板族

在自适应族"参照标高"平面中，创建 4 个参照点，使之自适应，并设置自适应点"定向到"属性为"主体（xyz）"（图 7-40）。

创建尺寸参数"d"，赋值为"1000.0"。设置自适应点水平面为参照面，为每个自适应点创建参照点，设置参照点的"偏移量"与参数"d"关联（图 7-41）。

以参照线连接自适应点和参照点，选中参照线生成长方体（图 7-42）。

保存族文件为"矩形无缝嵌板"。

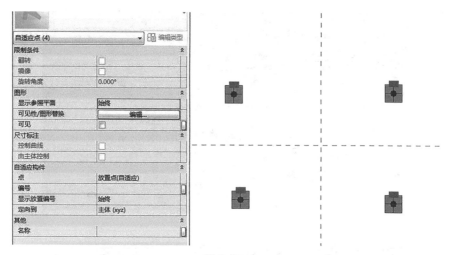

图 7-40

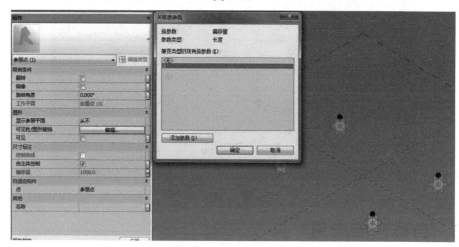

图 7-41

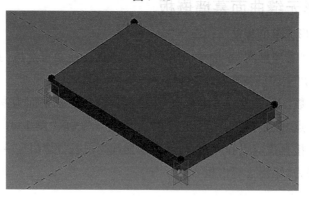

图 7-42

（2）制作普通矩形嵌板族

以"基于公制幕墙嵌板填充图案"样板建立族。创建尺寸参数"d"，赋值为"1000.0"。如图 7-43 所示，选择参照线，生成长方体，将厚度尺寸与参数"d"关联，并将"材质"设为"玻璃"(图7-44)。

保存族文件为"矩形嵌板"。

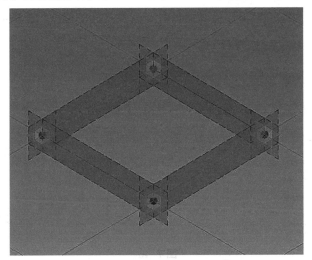

图 7-43

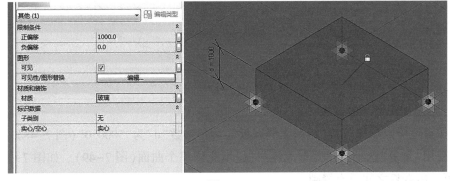

图 7-44

(3)建立曲面幕墙

在体量族中载入"矩形嵌板"和"矩形无缝嵌板"。

建立曲面,在曲面上划分网格,并显示节点(图7-45)。

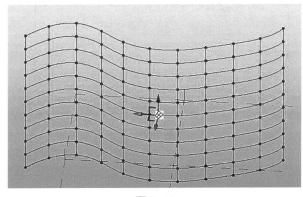

图 7-45

（4）添加矩形嵌板

在"属性"面板，选择"矩形嵌板"，矩形嵌板填充到整个曲面（图7-46）。

调整参数"d"为"5000.0"，可以清晰看出嵌板之间的缝隙（图7-47）。

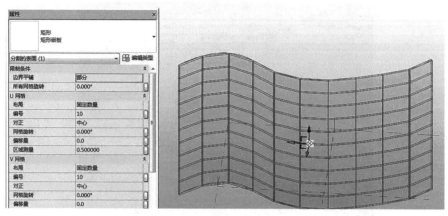

图7-46

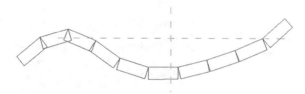

图7-47

（5）添加矩形无缝嵌板

按自适应点顺序放置"矩形无缝嵌板"，调整参数"d"为"5000.0"（图7-48）。

使用"重复"选项，将"矩形无缝嵌板"填充到整个曲面（图7-49）。如图7-50所示，可看出嵌板之间没有缝隙。

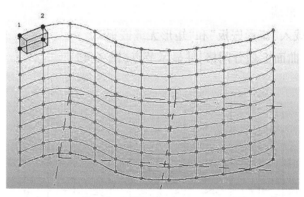

图7-48

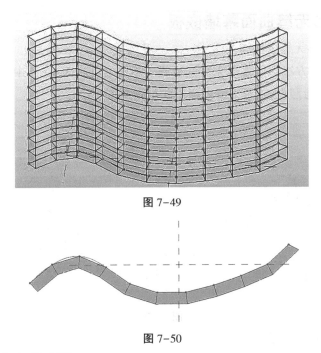

图 7-49

图 7-50

（6）更改"定向到"属性

将矩形无缝嵌板族中 4 个自适应点的"定向到"属性改为"实例"。将更改后的矩形无缝嵌板族重新载入体量，则嵌板布置如图 7-51 所示，其在曲面法线方向上布置不一致。

将矩形无缝嵌板族中 4 个自适应点的"定向到"属性改为"全局"。将更改后的矩形无缝嵌板族重新载入体量，则发现不能在曲面上布置嵌板。

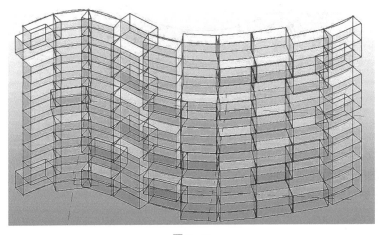

图 7-51

7.3.2　弧形无缝曲面幕墙嵌板

(1)制作弧形无缝嵌板族

按 7.3.1(1)方法制作弧形无缝嵌板族。不同之处在于:在族中放置 9 个自适应点和对应的 9 个参照点,弧形无缝嵌板形状见图 7-52。

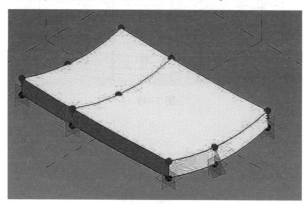

图 7-52

(2)建立体育馆体量

建立曲面,在曲面上划分网格,并显示节点(图 7-53)。

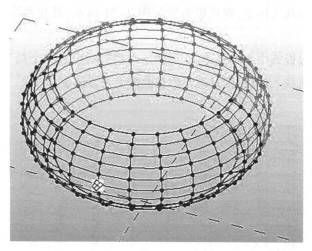

图 7-53

(3)添加矩形无缝嵌板族

完成效果见图 7-54。

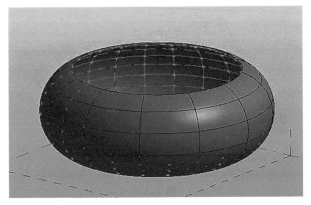

图 7-54

7.3.3 弧形可调分隔缝曲面幕墙嵌板

（1）制作弧形可调分隔缝嵌板族

参数设置如图 7-55 所示,自适应点和参照点布置见图 7-56,完成效果如图 7-57 所示。

参数	值	公式	锁定
尺寸标注			⌃
a	2000.0	=	☐
b	-2000.0	=-a	☐
c	2500.0	=	☐
d	-2500.0	=-c	☐
h	2000.0	=	☐
标识数据			⌄

名称(N):

图 7-55

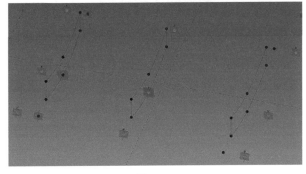

图 7-56

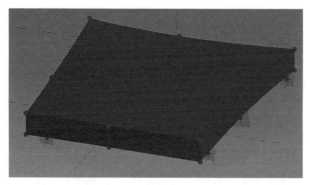

图 7-57

（2）添加矩形可调分隔缝嵌板族

完成效果见图 7-58。

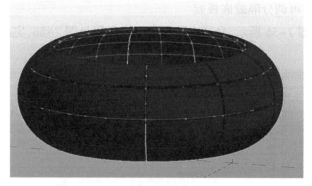

图 7-58

第8章　Dynamo

8.1　Dynamo 基础知识

8.1.1　Dynamo 简介

Dynamo 是 Autodesk 公司推出的一款功能十分强大,并且十分便捷的可视化编程软件。它可以和多款 Autodesk 公司的其他软件交互,适应各类使用人员的专业需求。

它可以让用户通过图形化界面创建程序,不必从白纸开始一行行地写程序代码。用户现在可以简单地连接预定义功能模块,轻松创建自己的算法和工具。或者说,设计师不用写代码就可以享受到计算式设计的好处。

Dynamo 是免费的开源软件。

开源软件(open source software)是指其源码可以被公众使用的软件,并且此软件的修改和分发也不受许可证的限制。其主要被散布在全世界的编程者队伍开发,但是同时一些大学、政府机构、承包商、协会和商业公司也在开发。

8.1.2　下载、安装、运行

(1)下载

软件安装文件包可以从官方网站下载。

从 Revit 2017 版本开始,Autodesk 已经在安装 Revit 时默认安装 Dynamo,早期版本需要自己手动下载安装一下。

(2)安装

如图 8-1 所示,在安装过程中会让用户选择对 Revit 版本的支持。

图 8-1

（3）运行

①Dynamo 可单独运行。

②Revit 2017 之前的版本："附加模块"→"Dynamo"，如图 8-2 所示。

③Revit 2017 之后的版本："管理"→"Dynamo"，如图 8-3 所示。

图 8-2

图 8-3

④Dynamo 启动界面如图 8-4 所示。

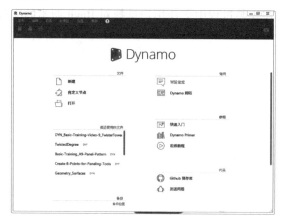

图 8-4

8.1.3 用户界面

如图8-5所示,Dynamo的界面分为5部分:菜单栏、工具栏、节点库、工作空间、控制台。

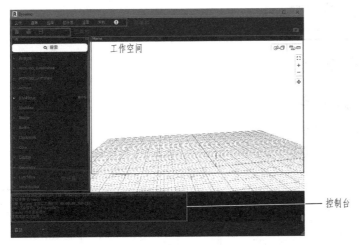

图8-5

(1)工作空间

工作空间可进行表单空间与模型空间的切换。图8-6为表单空间;图8-7为模型空间,只显示模型。

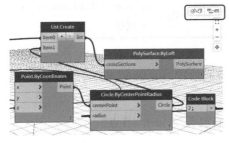

图8-6

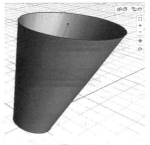

图8-7

(2)节点库

节点库(library):包含多个节点的容器。不同的节点库,有不同的、特定功能的各类节点。节点库内容见表8-1。

表8-1

序号	名称	内容
1	Analyze	分析
2	BuiltIn	内置各种操作
3	Core	核心,包括各种函数和数组操作
4	Display	显示和颜色设置
5	Geometry	绘制几何图形

续表

序号	名称	内容
6	Office	与 Office 软件交互
7	Operators	数学运算符
8	Revit	与 Revit 交互

8.2 常用节点

8.2.1 输入节点

（1）输入节点内容

Dynamo 输入节点位于节点库→Core→Input 下,具体内容见表 8-2 输入节点。

表 8-2

序号	名称	意义	序号	名称	意义
1	Boolean	允许用户选择"真"或"假"	5	Integer Slider	整数滑块
2	String	输入字符串	6	Number Slider	实数滑块
3	Number	输入数值	7	File Path	选择一个文件来获取其文件名
4	Date Time	输入时间值	8	Directory Path	选择一个目录以获取其路径

（2）Boolean 节点

①节点库→Core→Input→Boolean,在工作空间放置"Boolean"节点。

②在"Boolean"节点选择"True"。

③节点库→Core→View→Watch,在工作空间放置"Watch"节点。

④如图 8-8 所示,连接两个节点。

⑤点击"运行"按钮,"Watch"节点显示为"true"。

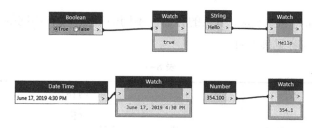

图 8-8

（3）Number 节点

①节点库→Core→Input→Number,在工作空间放置"Number"节点。

②在"Number"节点输入"354.100"。

③节点库→Core→View→Watch,在工作空间放置"Watch"节点。

④如图8-8所示,连接两个节点。

⑤点击"运行"按钮,"Watch"节点显示为数值354.100。

(4)Integer Slider 节点

①节点库→Core→Input→Integer Slider,在工作空间放置"Integer Slider"节点。

②在"Integer Slider"节点,点击左侧的向下按钮,"Integer Slider"节点扩展(图8-9)。

③如图8-9所示,在"Integer Slider"节点,修改"Min"项为100,修改"Max"项为200,修改"Step"项为10;点击右侧按钮,"Integer Slider"节点收缩。

④移动滑块,数值以10的间距增长。

图8-9

8.2.2 计算

(1)普通计算

普通计算节点位于节点库→Operators下,具体内容见表8-3。

表8-3

序号	名称	意义	序号	名称	意义	序号	名称	意义
1	+	加	6	= =	等于	11	>=	大于等于
2	−	减	7	! =	不等于	12	&&	与
3	*	乘	8	<	小于	13	||	或
4	/	除	9	>	大于	14	Not	否
5	%	求余	10	<=	小于等于			

例:如图8-10所示,放置"*"节点及所需节点。运行后,在"Watch"节点显示为10。

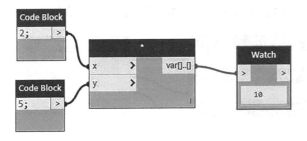

图8-10

(2)科学计算

科学计算节点位于节点库→Core→Math下。包含三角函数、反三角函数、对数、取整、平均值、求和等大量计算用函数,如图 8-10、8-11 所示。

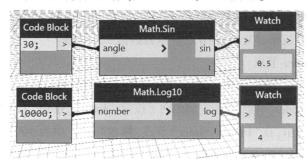

图 8-11

例:如图 8-11 所示,分别放置"sin"节点和"log10"节点及所需节点。运行后,在"Watch"节点分别显示为 0.5 和 4。

8.2.3 list 数据处理

"list"数据处理的节点均位于节点库→Core→list 下。

(1)创建列表

创建"list"节点均位于节点库→Core→list→Create 下。

①List. Create

如图 8-12 所示。

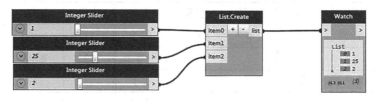

图 8-12

②Sequence

"Sequence"节点用于产生一个数字列表。如图 8-13 所示,数字列表从输入的"start"开始,然后按输入"step"递增,数字列表个数是输入的"amount"。在这个例子中,我们创建了一个由 5 个数字组成的数字列表,数字列表从 1 开始,依次递增 10。

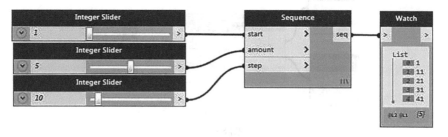

图 8-13

（2）操作列表

"list"编辑节点均位于节点库→Core→list→Action 下。

①List. AddItemToEnd，如图 8-14 所示。

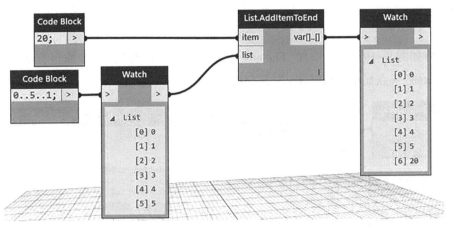

图 8-14

②List. Clean，如图 8-15 所示。

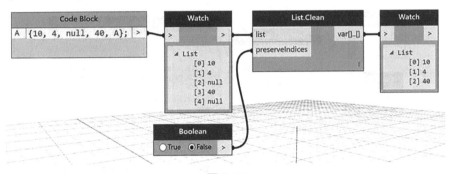

图 8-15

③List. Count，如图 8-16 所示。

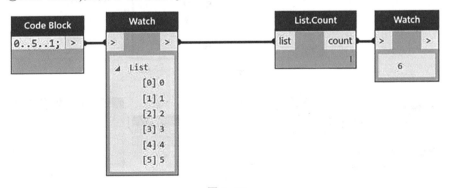

图 8-16

8.2.4 Flatten 节点

"Flatten"数据处理的节点位于节点库→BuiltIn→Action 下。

（1）如图8-17所示，在图表视图放置节点并连接，运行后，"Watch"节点显示运行结果。

（2）如图8-18所示，在"Point. ByCoordinates"节点右下角，点击右键。在弹出菜单中，选择"连缀"→"叉积"。运行后，产生二维数组，"Watch"节点显示运行结果（图8-19）。

（3）如图8-19所示，添加"Flatten"节点并连接。运行后，二维数组变为一维数组，"Watch"节点显示运行结果（图8-20）。

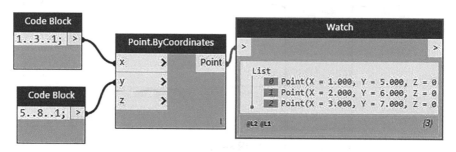

图 8-17

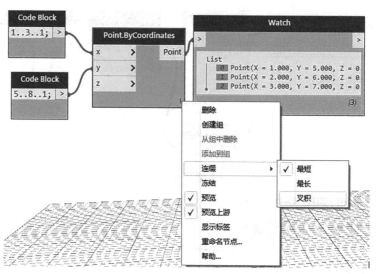

图 8-18

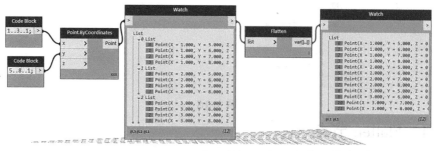

图 8-19

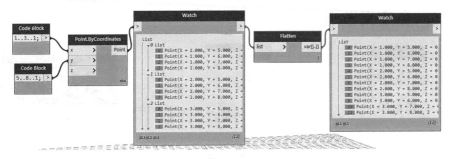

图 8-20

8.2.5 流程判断

流程判断节点均位于节点库→Core→Logic 下。

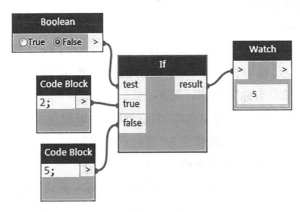

图 8-21

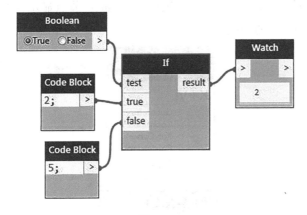

图 8-22

(1)节点库→Core→Logic→If,放置"If"节点。

(2)如图 8-21 所示,放置其他节点并连接,"Boolean"节点选择"False"。运行后显示"false"的结果 5。

(3)如图 8-22 所示,"Boolean"节点选择"True"。运行后显示"true"的结果 2。

8.2.6 自定义节点

图 8-23

图 8-24

图 8-25

图 8-26

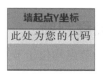

图 8-27

在工作空间的图表视图,双击鼠标左键,就会产生如图 8-23 所示的自定义节点。

如图 8-24 所示,选中自定义节点,点击鼠标右键,在弹出菜单选择"重命名节点…",弹出"编辑节点名称"对话框(图 8-25)。

如图 8-26 所示,在"编辑节点名称"对话框输入"墙起点 Y 坐标",点击"接受"按钮。如图 8-27 所示,节点名称被修改为"墙起点 Y 坐标"。

如图 8-28 所示,在自定义节点输入"x+y"。

如图 8-29 所示,在工作空间的图表视图点击鼠标左键或按"Esc"键,自定义节点左侧会出现两个输入"x"和"y",一个输出">"。

如图 8-30 所示,放置节点并连接。运行后"Watch"节点显示为"7",验证了自定义节点"墙起点 Y 坐标"的功能。

图 8-28

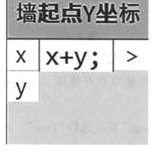

图 8-29

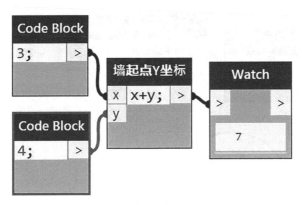

图 8-30

8.3 图形基本操作

Dynamo 图形绘制与编辑节点均位于节点库→Geometry。

8.3.1 点绘制

Dynamo 点绘制节点位于节点库→Geometry→Point。

（1）Point. ByCoordinates 见图 8-31。

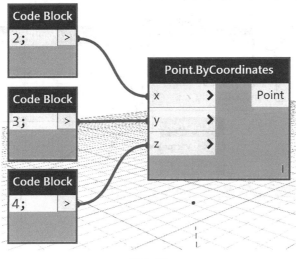

图 8-31

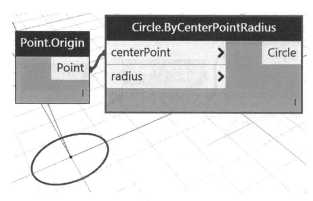

图8-32

（2）Point. Origin 见图8-32。

8.3.2　直线绘制

Dynamo 直线绘制节点位于节点库→Geometry→Point。

（1）Line. ByStartPointDirectionLength

如图8-33所示,该方法是通过输入起点、长度、方向绘制直线。

（2）Line. ByStartPointEndPoint

如图8-34所示,该方法是通过输入起点、终点绘制直线。

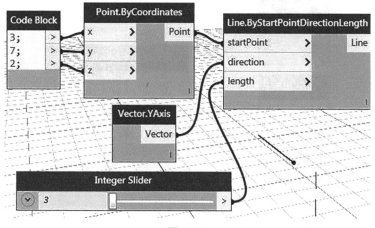

图8-33

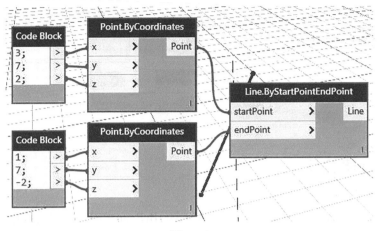

图 8-34

8.3.3 圆绘制

Dynamo 圆绘制节点位于节点库→Geometry→Circle。

（1）Circle. ByBestFitThroughPoints

如图 8-35 所示,该方法是通过对多个点的拟合生成圆。其中,Math. RandomList 节点的功能是随机生成规定数量的列表。

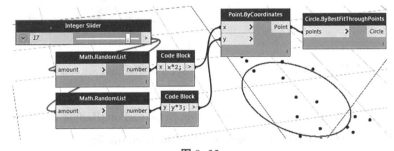

图 8-35

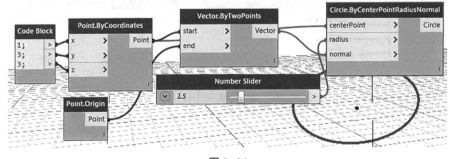

图 8-36

（2）Circle. ByCenterPointRadiusNormal

如图 8-36 所示,该方法是通过输入圆心、半径、法线方向绘制圆。

（3）Circle. CenterPoint 和 Circle. Radius

如图 8-37 所示,CenterPoint 和 Radius 分别是获得圆的圆心和半径。

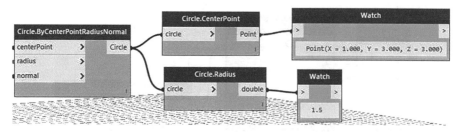

图 8-37

8.3.4 创建实体

(1)圆柱绘制

如图 8-38 所示,Dynamo 通常采用 Cylinder. ByPointsRadius 节点绘制圆柱。

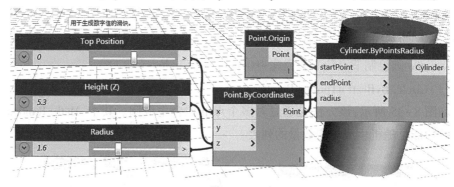

图 8-38

节点位于节点库→Geometry→Cylinder→ByPointsRadius。

(2)球体绘制

如图 8-39 所示,Dynamo 通常采用 Sphere. ByCenterPointRadius 节点绘制球体。

节点位于节点库→Geometry→Sphere→ByCenterPointRadius。

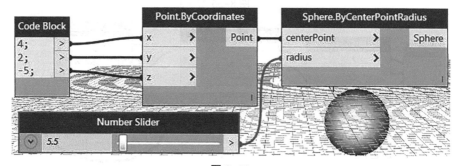

图 8-39

(3)长方体绘制

如图 8-40 所示,Dynamo 通常采用 Cuboid. ByLengths 节点绘制长方体。

节点位于节点库→Geometry→Cuboid→ByLengths。

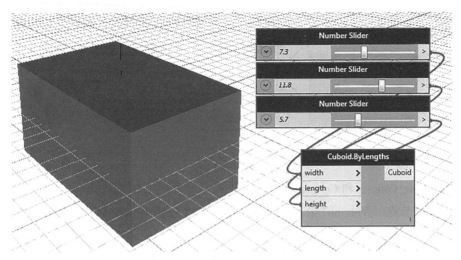

图 8-40

8.3.5　实体编辑

（1）Difference

"Difference"节点可实现一个实体与另一个实体的布尔差集。

节点位于节点库→Geometry→solid→Difference。

①如图 8-41 所示，布置 Cuboid. ByLengths 和 Sphere. ByCenterPointRadius 绘制长方体和球体。

②布置 Solid. Difference 节点，获得长方体和球体的布尔差集。

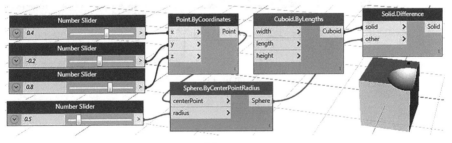

图 8-41

（2）Union

"Union"节点可实现一个实体与另一个实体的布尔并集。

节点位于节点库→Geometry→solid→Union。

采用 Solid. Union 节点替换图 8-41 中的 Solid. Difference 节点，结果如图 8-42 所示。

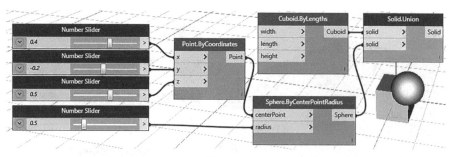

图 8-42

（3）Area、Volume 和 Centroid

"Area"节点、"Volume"节点和"Centroid"节点分别对应实体的表面积、体积和质心。

如图 8-43 所示，布置"Solid. Volume"节点、"Solid. Area"节点和"Solid. Centroid"节点并按图示连接，点击运行，在"Watch"节点显示三维实体的体积、表面积和质心。

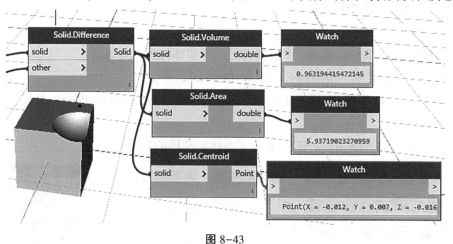

图 8-43

第9章 Dynamo 与 Revit

9.1 获取 Revit 图元与实体

（1）Dynamo 通过 Select Model Element 和 Select Model Elements 在 Revit 中选择图元。

如图9-1所示,图中有两道墙和一个楼板。

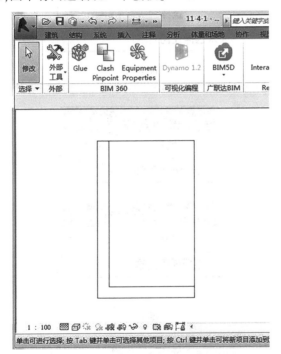

图 9-1

（2）如图9-2所示,单击"附加模块"选项卡→"可视化编程"面板→"Dynamo 1.2"选项。

图 9-2

（3）新建"Dynamo"文件。

（4）节点库→Revit→Selection→Select Model Element。

（5）节点库→Revit→Selection→Structural Framing Types。

（6）如图9-3所示，在"Select Model Element"节点，单击"选择"按钮，在 Revit 中选择一道墙，返回"Dynamo"。如图9-4所示，"Select Model Element"节点显示墙的 ID 号。

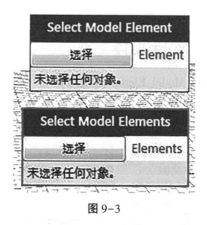

图9-3

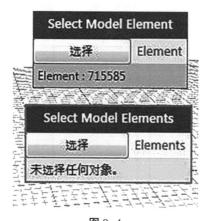

图9-4

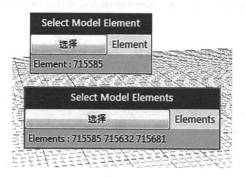

图9-5

（7）如图9-4所示，在"Select Model Elements"节点，单击"选择"按钮，在 Revit 中

选择全部图元,返回"Dynamo"。如图9-5所示,"Select Model Elements"节点显示所有图元的ID号。

9.2　网轴绘制

9.2.1　节点

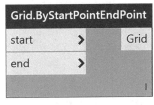

图9-6

图9-7

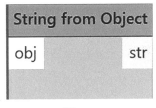

图9-8

(1)Grid. ByStartPointEndPoint

如图9-6所示,"Grid. ByStartPointEndPoint"节点的功能是利用节点输入的"start"(起点)和"end"(终点)绘制网轴。

注:在Dynamo中"start"(起点)可以是一个点也可以是多个点。本例中"start"(起点)和"end"(终点)输入的就是多个点。

(2)Element. SetParameterByName

如图9-7所示,"Element. SetParameterByName"节点的功能是利用输入的"element"(图元)、"parameterName"(属性名)和"value"(值)更改图元的属性值。

(3)String from Object

如图9-8所示,"String from Object"节点的功能是将对象转化为字符串。

9.2.2　输入

(1)"x""y""z"节点为网轴绘制的起始点。

(2)"Integer Slider"滑块节点控制网轴数量。

(3)"轴线间距"滑块节点控制轴线间距。

(4)"轴线长度"滑块节点控制轴线长度。

(5)"Integer Slider"节点网轴名称序号的起始点。

9.2.3　步骤

(1)通过"Sequence0"节点生成网轴的x坐标序列(图9-9)。

(2)通过两个"Point. ByCoordinates"节点生成网轴两端的坐标序列(图9-9)。

(3)通过"Grid. ByStartPointEndPoint"节点生成网轴图形(图9-9)。

(4)通过"Sequence1"节点生成网轴名称序号数字序列(图9-10)。

(5)通过"String from Object"节点将数字序列转化为字符串序列(图9-10)。

(6)通过"Element. SetParameterByName"修改网轴名称(图9-10)。

（7）绘图结果如图 9-11 所示。

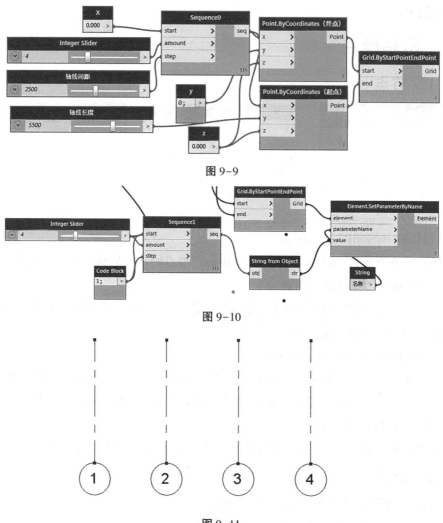

图 9-9

图 9-10

图 9-11

9.3 墙体绘制

9.3.1 节点

（1）Wall Types

节点库→Revit→Selection→Wall Types。

如图 9-12 所示，用户可利用"Wall Types"节点选择项目中的墙体类型。

（2）Levels

节点库→Revit→Selection→Levels。

如图 9-13 所示，用户可利用"Levels"节点选择项目中的已有标高。

（3）Wall. ByCurveAndHeight

节点库→Revit→Elements→Wall. ByCurveAndHeight。

如图9-14所示，"Wall. ByCurveAndHeight"节点的功能是按输入的"curve"曲线、"height"高度、"level"标高、"wallType"墙类型绘制墙体。

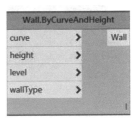

图9-12   图9-13   图9-14

9.3.2 步骤

（1）通过两个"Point. ByCoordinates"节点生成墙两端的坐标序列（图9-15）。

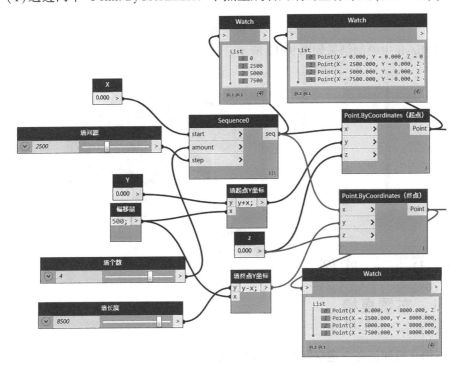

图9-15

（2）通过"Line. ByStartPointEndPoint"绘制线（图9-16）。

（3）通过"Wall. ByCurveAndHeight"节点在Revit中绘制墙（图9-16）。

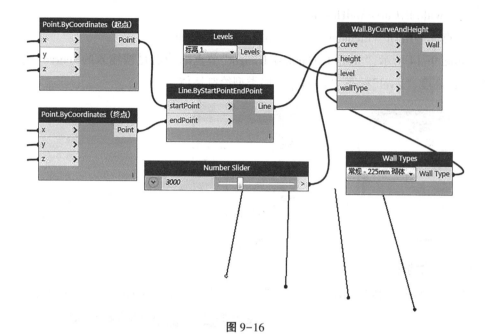

图 9-16

（4）Revit 中绘制结果如图 9-17 所示。

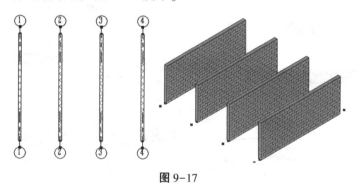

图 9-17

9.4　Dynamo 实例

9.4.1　布置桌椅

（1）简介

本例介绍如何在一定空间布置族的方法。

（2）节点

①Family Types

节点库→Revit→Selection→Family Types。

用户可利用"Family Types"节点选择项目中的族类型。

②FamilyInstance. ByPoint

节点库→Revit→Elements→FamilyInstance→ByPoint。

用户可利用"FamilyInstance. ByPoint"节点向项目指定点插入已有的指定的族。

（3）步骤

①通过两个"Sequence"节点，生成 x、y 坐标序列（图 9-18）。

②通过"Point. ByCoordinates"节点生成插入点（图 9-19）。

③通过"FamilyInstance. ByPoint"插入桌椅组合组（图 9-19）。

④运行结果如图 9-20、9-21 所示。

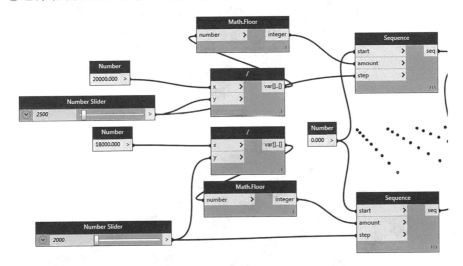

图 9-18

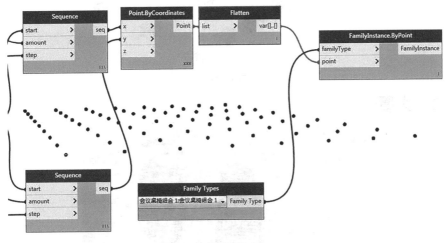

图 9-19

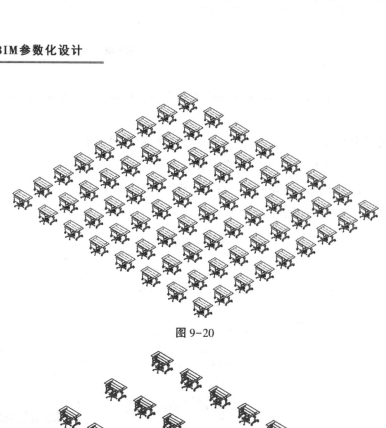

图 9-20

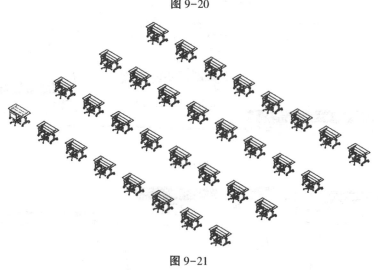

图 9-21

9.4.2 大厦

图 9-22

如图9-22所示,大厦有56层,1层到10层,每层旋转1度;11层到24层,每层旋转8度;25层到40层,每层旋转8度;41层到50层,每层旋转3度,最后6层以1度旋转。

大厦Dynamo设计分三部分:旋转角度计算、墙体设计、外部平台设计。

(1)旋转角度计算

①计算大厦第1部分1层到10层的旋转角度(图9-23)。

②设计函数NumCv,计算大厦不同楼层的旋转角度。函数程序如下:

```
def NumCv(t5,num4,num5)
{
t4 = t5+num4;
num1 = t4;
num2 = num5;
num3 = num4;
t1 = (num1..#num2..num3);
return = t1;
}
```

③图9-24为大厦第2部分11层到24层的旋转角度计算,其余各部分楼层的旋转角度计算均可按此方法进行。

④如图9-25所示,将大厦各部分旋转角度通过"List.Create"节点添加到列表中,利用"Flatten"节点将列表变为一维数组,结果可在"Watch"节点查看。

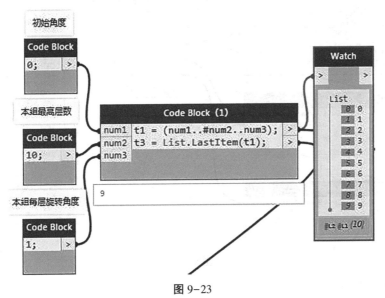

图9-23

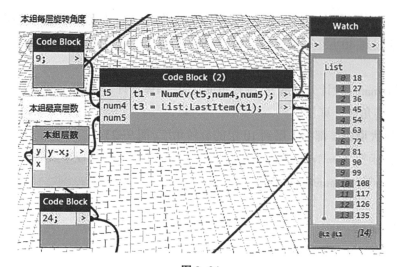

图 9-24

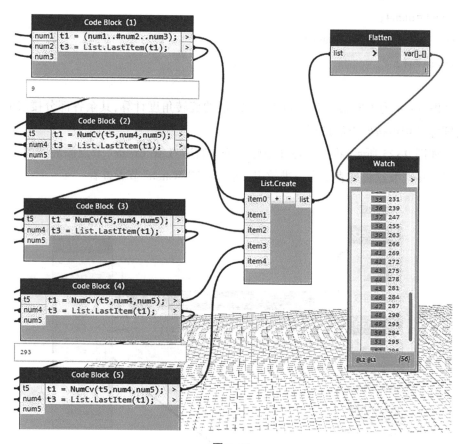

图 9-25

（2）墙体设计

①打开资源中的"模型. rfa"文件,如图 9-26 所示,项目中有一大一小两个椭圆。

②如图 9-27 所示,通过"Select Model Element"节点读入两个椭圆,利用"List.

FirstItem"节点生成有厚度的椭圆环(图9-28)。

③如图9-29所示,通过"Geometry. Translate"节点,将内部椭圆轮廓线向上垂直复制55个,间距为3500.000,结果如图9-30所示。

④如图9-29所示,通过"Geometry. Rotate"节点,将56个椭圆轮廓线按(1)计算出各层的旋转角度进行旋转,结果如图9-31所示。

⑤如图9-29所示,通过"PolySurface. ByLoft"节点,利用旋转后的56个椭圆轮廓线生成大厦外墙,结果如图9-32所示。

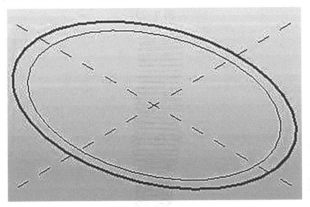

图 9-26

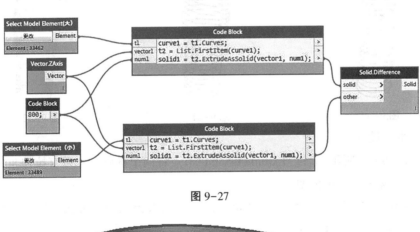

图 9-27

图 9-28

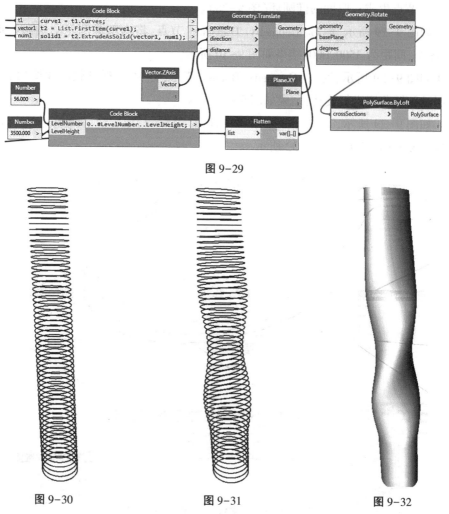

图 9-29

图 9-30   图 9-31   图 9-32

(3)平台设计

①如图 9-27 所示,通过"ExtrudeAsSolid"节点将两个椭圆向上垂直拉伸 800,生成两个截面为椭圆的三维模型。

②如图 9-33 所示,通过"Solid. Difference"节点求得两个截面为椭圆的三维模型的差集,结果如图 9-34 所示。

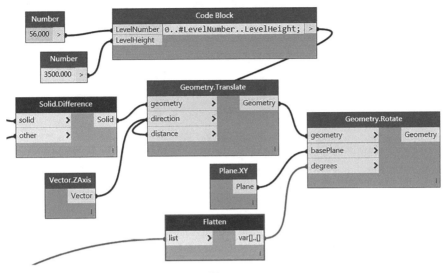

图 9-33

③如图 9-33 所示，通过"Geometry. Translate"节点将上一步形成的椭圆环形向上垂直复制 55 个，间距为 3500.000，结果如图 9-35 所示。

④如图 9-33 所示，通过"Geometry. Rotate"节点，将 56 个椭圆环形按第一步计算出的各层的旋转角度进行旋转，结果如图 9-36 所示。

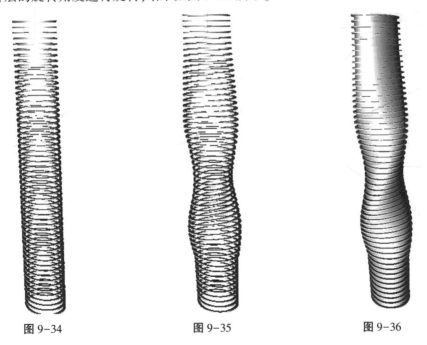

图 9-34 　　　　　　　　　 图 9-35 　　　　　　　　　 图 9-36